浙江省社科联社科普及课题成果

"石头的故事"
丛书

丛书主编：丁小雅　郑　剑　郑丽波
副主编：杨　磊　程团结　陈　祥
郑鸿杰　陈　越

变迁的文明

陈嘉琦　丁小雅　郑丽波
郑　剑　方雨辰　项丰瑞　著

浙江工商大学出版社 | 杭州
ZHEJIANG GONGSHANG UNIVERSITY PRESS

U0178812

图书在版编目(CIP)数据

变迁的文明 / 陈嘉琦等著. — 杭州 : 浙江工商大学出版社,2022.10(2023.1重印)
(石头的故事 / 丁小雅,郑剑,郑丽波主编)
ISBN 978-7-5178-5008-3

Ⅰ. ①变… Ⅱ. ①陈… Ⅲ. ①岩石－普及读物 Ⅳ. ①P583－49

中国版本图书馆CIP数据核字(2022)第108514号

变迁的文明
BIANQIAN DE WENMING

陈嘉琦 丁小雅 郑丽波 郑 剑 方雨辰 项丰瑞 著

策划编辑	任晓燕
责任编辑	熊静文
责任校对	张春琴
封面设计	望宸文化
责任印制	包建辉
出版发行	浙江工商大学出版社
	(杭州市教工路198号 邮政编码310012)
	(E-mail: zjgsupress@163.com)
	(网址: http://www.zjgsupress.com)
	电话: 0571-88904980, 88831806(传真)
排　版	杭州彩地电脑图文有限公司
印　刷	杭州高腾印务有限公司
开　本	880 mm × 1230 mm　1/32
印　张	5
字　数	84千
版 印 次	2022年10月第1版　2023年1月第2次印刷
书　号	ISBN 978-7-5178-5008-3
定　价	36.00元

"石头的故事" 丛书总序

　　时光荏苒，从嘉兴南湖的红船，到神舟十四号飞船，中国共产党已然成立 100 周年。遥忆 1 个世纪前的中国，积贫积弱，风雨飘摇，有识之士们请来了"德先生"和"赛先生"，解放思想，引领新文化运动，并诞生了中国共产党，最终推翻"三座大山"，成立了新中国。

　　经过 70 多年的努力，新中国发展的速度、取得的成就让世界瞩目，载人航天、深海探测、高铁、5G 等技术全球领先。但同时，我们也应清楚地认识到自身存在的不足：石油、铁矿石等矿产资源严重依赖进口，芯片、工业软件等领域受人制约。为什么我们有些矿产如稀土、煤炭资源丰富，有些矿产如石油、金刚石却相对匮乏？芯片是由什么材料制作的？高铁为什么跑那么快？这些问题，牵动着许多国人的心。如何把这些问题讲通讲透，让每一位充满好奇心的朋友都能找到答案，这就需要求助我们的老朋友——"赛先生"。

　　把科学知识讲得通俗易懂，就是科普。2002 年 6 月 29 日，我国第一部关于科普的法律——《中华人民共和国科学技术普及法》正式颁布实施。2005 年伊始，为方便活动展开，将每年 9 月第三个公休日作为全国科普日活动集中开展的时间。

　　我的学生郑丽波博士，带领她的团队，一直在从事地质科普工作。他们最近编了一套书，讲述了许多生动有趣的石头小故事。什么是花岗岩？什么是玄武岩？为什么《红楼梦》又叫《石头记》？为什么丝绸之路上有这么多石窟？美丽的化石是怎么形成的？又如何来指示年代？所有的问题，都可以在这套书中找到答案。

　　科普工作的种种努力，是希望能在人们心中种下一颗好奇的种子，在合适的时机生根发芽，茁壮成长。我希望，像郑博士这样从事科普的同志能再多一些，热爱科学的孩子能更多一些，播撒出足够多的种子，才有更多希望长出参天大树。

　　　　　　浙江大学教授、中国科学院院士

　　　　　　　　　　　　　　　　　　2022 年 6 月

前 言

石头，对于人类来说，仿佛亘古就在。我们出生、长大、老去，穷尽了一辈子的时间，石头却好像连眼睛都没眨一下，依旧保持着它的姿势。

然而，这貌似不太容易改变的石头，人类却对它有一种天然的亲近感，喜欢它，接近它，并试图改变它，把它当作生活中无处不在的永恒伴侣。

这种亲近感，是让人类自己也十分着迷的秘密。

正是追逐和探索秘密的过程，帮助人类走上了发展的道路。

人类在执着的探索中，从自然的大千世界中脱颖而出，拥有了自我意识和创造力。在掌握并运用石头的性质和特点之际，人类尝试着创作了第一件石器、第一幅岩画、第一个陶罐……得益于石头的相伴，人类走向文明。

石头不仅参与了文明的缔造，而且也是文明的记录者和承载者。

作为一种资源，人类对它的开发和利用，总是与科学技术进步同步向前；石头也是我们心灵的映照者，我们从石头形态的变迁中，可以一窥文明的发展。

石头与人类文明之间的故事，延续了几百万年，浩瀚如大海。我们在书中描绘的，仅仅是其中的一朵浪花。真诚期待读者分享我们的所见和所思，并与我们结伴同行，开启一段有趣的踏浪之旅。

目　　录

第一章

　　人类与石头的渊源，可以追溯到天地混沌、人类初生的时期。一方面，依据流传已久的神话，人类源于岩石及其风化物——泥土，人类在面临灭顶之灾的时候，也曾被石头拯救；另一方面，科学探索与考古研究告诉我们，人类是自然力驱动下的进化产物。有趣的是，神话与科学往往相互印证。对岩石的利用，就像照亮洪荒原野的第一缕曙光，人类祖先通过石器的制造和使用，开启了文明之旅，促进了生产力的发展和人类自身的进步，随之而来的岩画、陶器、青铜……生活，从此变得多姿多彩。

洪荒原野的馈赠

一、人类诞生的传说

19 世纪，达尔文亲手描绘了进化树。在这棵大树上，人类有自己的位置，前后左右的邻居纷纷对号入座。四季更替，大树更加根深叶茂，郁郁参天。

繁星满天的夜晚，如果我们来到大树下，弯腰拾起一两片树叶，就会发现，在树叶美丽的纹理之间，梦幻般地闪烁着许多有趣的故事。

（一）女娲

在华夏文明中，有一个非常重要的人物——女娲。她是华夏民族恒久的女一号，华夏后裔认她作大地之母。

女娲造人 / 丁凯雅绘画

女娲做了三件大事：造人，补天，化身江河山川。

传说宇宙混沌初开之时，女娲诞生于天地之间。她挥舞长袖，使大地上草木生长、动物奔跑，欣欣向荣。

但她总觉得少了什么，那是什么呢？有一天，当她在黄河边徜徉，正巧在河水中看见了自己的影子。她忽然明白，这个世界缺少的，正是像自己这样的人。

该如何造人呢？她仔细观察，大地上最多的是泥土。泥土来自岩石，绵延广布，像天空的云彩一样深厚而广袤。女娲把泥土抓在手上，泥土散而不离，柔软但可塑出坚硬的形态，是最适合用来塑造人类的材料。于是，她用黄河边的泥土，按照自己的模样，造出了人类。

这些女娲造出来的人，就有了泥土和岩石的属性。他们能够像泥土般接纳万物而谦和从容，也能够像岩石般挺拔于群山之巅而勇担风雨，有一种以集体存在、共同繁荣为立身之本的天然品格。

后来，"四极废，九州裂，天不兼覆，地不周载。火爁炎而不灭，水浩洋而不息，猛兽食颛民，鸷鸟攫老弱"，危难之际，"女娲炼五色石以补苍天"。(《淮南子·览冥训》)在滔天洪水之中，大地之母女娲用石头化解了人类困境，把让人类转危为安的五彩石永久地镶嵌在人类记忆的天幕上。

传说中的五彩石（王屋山—黛眉山世界地质公园）/罗自新摄

女娲缔造了人类，保护了人类。百姓感念女娲的慈爱、神功和伟力，在各地建造起祭祀女娲的庙宇，供奉她并希冀她长留人间。百姓以自己心中的女娲为比照对象，为女娲建造了大量不同类型的建筑、神像：有的女娲神像是象征生殖崇拜的女性形象，有的是蛇身人首的样子，有的突出了补天、战洪水的辛劳场景。庙宇中的女娲，以我们可见到、可触摸的具体形象，亲切地陪伴着她亲手缔造的人们。抑或，我们这泥土所化之身，也永久地需要她的呵护。

在中国许多地方，还流传着这样的传说：女娲的肉体变成了土地，骨头变成了山岳，头发变成了草木，血液变成了河流。在这里，女娲就是土壤，就是岩石，就是山川大地，无处不在。她融合了血肉和心灵，是我们成于斯、长于斯的母亲，也是华夏民族的温暖家园。

（二）普罗米修斯

希腊神话中有一位兼具爱心与智慧的神——普罗米修斯。他用泥土捏塑形状，创造出人类。为了帮助人类缔造文明，他违背众神之王宙斯不准把火带到人间的规定，巧设计谋偷取了太阳车上的火，并降临人间点燃火种。

宙斯被这种行为激怒！作为惩罚，普罗米修斯被铁链锁在高加索山的石崖上，不能入睡也不能弯曲双膝。每天有一只鹫鹰啄食他的肝脏。白天肝脏被吃掉，夜间又恢复，普罗米修斯因此遭受了无

盗火的普罗米修斯 / 丁凯雅绘画

尽的痛苦和折磨。直到许多年后，英雄赫拉克勒斯同情他的遭遇，用石头砸碎铁链，宙斯对普罗米修斯的惩罚才被解除。

普罗米修斯虽然不用再受酷刑，但为了表示仍履行宙斯的判决，手腕上必须永远戴着一只镶着高加索山石片的铁环——象征宙斯的统治和监视。因此，普罗米修斯永远无法获得真正的自由。

后来，人类逐渐堕落，变得自私贪婪，不再敬畏神灵，终于被众神制造的一场大洪水毁灭。在大洪水中，一对善良的夫妻丢卡利翁和皮拉活了下来。他们听从神祇的指示再创了人类。而重塑人类用的材料，正是石头。

石头，携带着深重的苦难和耻辱，寄托着重生的希望和未来。在西方文明中，石头是如此令人爱恨交加，凝聚了说不清理还乱的无限情怀，成为艺术创作的对象和载体、灵感的动力与源泉。而自由，是如此令人渴望却又难以接近。也许正因此，自由如同黑夜中的月亮一样，给了人类以光亮，指引着人类向前探索的道路和方向，从而孕育出具有鲜明特征的文化个性。

在东、西方神话传说里，关于人类的来源虽有不同的版本，但

是如果仔细观察可以发现，它们之间竟然有许多重要的相同之处：组成人类的材料一样，都是岩石和泥土；人类诞生后，都经历了洪水造成的灭顶之灾；把人类从死亡的边缘救出来的，也都是石头。

流传千年的神话，如此地契合了现今我们对自己的认知。我们正是从岩石及其风化物泥土中，孕育、成长起来的大地之子。

（丁小雅 陈嘉琦）

二、手上的技艺

下午，阳光温暖，你坐在窗前读书，目光凝视着书页上的石器图片。

在一刹那间，你发现自己置身于湍急的河边，饥饿，雪花飘满天空。

你发现了不远处一只长着角的小动物，这是你和你的族人迫切需要的食物。你抓起河边的一块圆形石头，用尽全身力气掷向小动物。

击中了！

"咕！咕！"族人叫着你的名字狂奔而来！

在半山腰的洞穴中，族人围着分吃猎物。咕坐在一边，观察今天击中小动物的石头。最近咕忽然对石头有了极大的兴趣，每次击中猎物的石头，都被他带回了洞穴。石头，是他随时可取又最具杀伤力的武器，分担了他作为族群力气最大者的责任。今天的石头，在击中小动物之后又弹开，撞到旁边的大石头上，裂成了两半。咕抚摸着石头开裂的边缘，手指感觉到尖锐的刺痛。

刺痛，让他若有所思。片刻之后他拿起之前带回的另一块石头，走向洞口。

外面依然非常寒冷，无尽的寒冷的日子，白雪一望无际。咕把石头砸向洞口陡立的山崖，石头裂开了，再次出现锋利的截面。

咕把石头带回洞穴，他尝试用它击打食物，那是他熟悉的画面。但无意之间，咕却做了一个切割的动作，这是之前从来没有过的。神奇的事情发生了，面前的肉被切开！再试，再切开！他把石头交给身边的族人，他们立刻学他的样子切肉！爽利而强劲！石头在洞穴中被传递，大家的眼睛闪耀着惊喜的光，神把一件宝物派送给了他们！

咕用他的大手，举着石头敲打其他的石头，锋利的石头再次出现了！

咕学会了制造石器！

在这一天，神不仅给他们派送了宝物，还派送了宝物制造的秘密！咕的大手获得了神授般的技艺。

就在这一刹那，你回到了窗前温暖的阳光里。书静静地躺在你的膝上，阳光斜斜地照射着书页上的石器图片。

你眯起眼睛，回想刚才的梦境。

砍砸器（出土于浙江长兴）
/ 吴雅芬摄于浙江博物馆

那是远至两三百万年的时代，远到只有梦里才能企及。在那里，咕学会了使用工具来猎取食物，还学会了打制石器，从此与同是哺乳动物的其他物种分道扬镳，在丛林竞争中一骑绝尘。在梦里，咕凭借着石头获得的主宰感和控制感是如此清晰、强烈，他体验到从未有过的力量和信心。他清楚地记得，咕在把目光聚焦于手上崭新的石器的时刻，确信看到了未来的无限可能和种族兴旺的希望！

尖状器和刮削器（出土于浙江安吉）
／吴雅芬摄于浙江博物馆

　　石器陪伴咕的后代们，也就是我们的祖先，走到距今约 1 万年前。在那个时代，他们学会了做更精细的磨制石器。考古学家及历史学家们把这个时间位置标识为旧石器时代和新石器时代的分界，分别与打制石器制作、磨制石器制作相对应。在世界各地，因为生产力发展水平及文化类型的不同，从旧石器进入新石器的年代分界会有很大的差异。

　　在中国的大地上，无论大江南北，无论是地理概念上的第一台阶、第二台阶还是第三台阶，石器都有着广泛的分布。即便在被长江三角洲深厚的冲积土覆盖着的上海地区，我们也有机会目睹新石器时期打磨精致的石犁、石锛等农业工具。在松江广富林遗址，出土了不同时期的石器，其中有崧泽文化时期（距今约5900—5300年）和广富林文化时期（距今约4100—3700年）的生产工具。比较发现，广富林文化时期的生产工具

崧泽文化时期的石犁 / 摄于上海历史博物馆

广富林文化时期的石犁 / 摄于上海历史博物馆

其形状和性能都有了很大的改进，石制的犁头体型更大，顶部更加

尖锐，显然犁地的效果更好。石器制作水平的提高，决定了农具改良的进程，而工具的改进，极大地提高了农业生产效率，增加了粮食供应量，促进了人口增长，对新石器时期上海地区早期人类文明的发展和进步起到了重要作用。

石器时代占据了人类演化历史时期的 99% 以上。广袤的苍穹之下，中国的版图就是巨无霸的工具设计室和生产车间，全民参与设计和制作。

在石器制作过程中，寻找合适的材料是最重要的第一步。反复尝试，使远古的人们积累了对岩石的辨认经验。玻璃质类的岩石如珍珠岩、黑曜岩，是上好的材料，适合制作细致工具，甚至箭镞；河边冲刷下来的砾石，通常是石英岩类，质地坚硬，是日常生活和生产大量需要的大宗石器的原材料；美丽的石头，如玛瑙，被加工成了装饰品。

石锛、石斧、石凿等工具
（出土于田螺山遗址）

咕最初通过打击原石得到锋利的截面，获得的是砍砸器，这是最早的石器类型。为了适应生活和生产各个方面的需求，人们不断尝试，改进技术，创新工艺，使得石器的种类更加多样，制作技艺不断提高。斧、锛、铲、凿、镞、矛头、磨盘、犁、刀、锄、镰等各种形状的石器工具相继诞生。

分体组合式石犁及石犁首（出土于玉环三合潭遗址）/ 孙国平供图

箭镞

　　到了新石器时代后期，人类已经发展出非常精致的细石器，个体小到 3—5 厘米。这些石器不仅是工具，还兼具审美的功能。随着需求的扩大，逐渐发展出专门化的分工，一些人成为石器工匠，也有了一些专门的石器制作场所。石器也成为财富的组成部分，被纳入货物交换清单之中。有的石器成为使用者的心爱之物，死后被带入坟墓。

石磨盘和石磨球（出土于河姆渡文化田螺山遗址）/孙国平供图

　　制作石器，石材是基础。人们为了制作出良好的石器，开始有目的地观察各类岩石，辨别它们的异同，确定其合适的用途，这是科学的启蒙阶段。正是在这样的启蒙过程中，人们摸索出了制陶技术和青铜技术。而寻找适用岩石的过程，促成了地质学、勘探学、采矿业的诞生。人类凭借石器工具的制造，推动了科学技术的发展。制造石器工具的技术在前赴后继的开拓和强化中得到发展，并通过手手相传，以记忆遗传的方式内化为我们的本能。只要我们是人的种族，就会有使用和制造工具的动机，并具备相应的能力发展空间。石器制造过程伴随着人的认知、交流等能力的提升，极大地促进了大脑的进化。

在漫长的时光中，祖先也用树木、兽皮及骨头等各种材料制作工具，但这些工具或者化作齑粉永久留在了洪荒之中，或者剩下一鳞半爪，如惊鸿在天空画出的美丽弧线，摇曳着被淹没在云端，难识其全貌。幸好有石头制作的工具，其坚硬质地助它从历史的最深处穿越风霜雨雪走到今天，让我们幸运地与其中一部分相遇，为我们带来有关历史源头的故事，以及人类种种的努力、失败和成功。

石器的发展，大致经历了三个阶段：第一阶段相当于旧石器时期，石器是最重要的生产工具；第二阶段相当于新石器时期，石器的种类和应用范围得到扩大，出现了装饰用石器产品，如玉饰及颜料等；第三阶段在距今约 4000 年，人类发展进入有历史记载的时期，石器逐步被青铜及铁器等金属制品所替代，不再作为广泛使用的生产工具材料，而仅用于石磨、石刻作品、建筑中的石柱桥梁等，但同时，对石头的应用进入了更加广阔的矿产资源利用阶段。

石器时代已经过去，但石器并没有就此离开。种类繁多的石器工具中，那些广泛流传的作品，其形制大部分传到了今日，成为我们生活和生产中常见工具的基础形态。作为人类打造的最初财富，石器经过许多次改造，形成了繁复庞大的体系，它们携带几百万年的基因，支撑起现代化的一切，是我们如今赖以栖居的文明大厦的重要基石和精神源代码。

曾经沐浴了文明第一缕曙光的石器，带着我们祖先手上的余温，以及许多无法追忆的技艺，大都遗留在原野之上，如星辰一样默然无语。想到它们与我们同时在感受日升日落，你是否体会到"一块石头落地"的释然和安心？它们已与创造它们的人一样，回归自然，以石头的自然之身再次参与大地的循环。石头，当它成了石器，无论是滞留于野外，还是落寞地围于博物馆橱窗，件件都是令我们留恋和敬仰的存在。

（丁小雅）

三、光芒的通途

这里讲述的，是石头与火的故事。

在远古的大地上，人走在加快进化的道路上。寒冷而漫长的冬季，太阳远远地挂在天穹，它橘黄色的光芒，照耀在人赤裸的脚上，阳光温暖的感觉传遍全身。而当太阳被乌云遮蔽的时候，刺骨的寒冷再次袭来。即便回到栖身的洞穴，黑暗、寒冷依然笼罩四周。

太阳，如此不近人情地克制着它的光芒，让人们在明亮与黑暗中反复，在寒冷和温暖间来回。太阳仿佛在等待着一件事情的发生、一个重要节点的到来。

它在等的，是人这个物种因为能量的需求而产生的足够的焦虑。

在与其他灵长动物分道扬镳之后，人的肌体之内不仅进一步发展了生命维持系统、情绪动机系统，他的大脑更是发展出了这个地球上最强大的意识支持系统，从而有能力来叩问明亮与黑暗的问题。从另一个角度看，正是这个每天所需能量占全身耗能比率达 20% 的大脑，在飞速进化的过程中，强烈地激起了人类对能量的渴望。能量的使用，是一个关乎人类生死存亡的问题。人作为异养生物，已经发展出借助植物和其他动物的机体便捷地得到能量的身体机能，以维持自身的基本能量供给。但为了更好地生存，他还必须发展出更多更强的能量使用技能。到旧石器中晚期，人类似乎遇到了一个能量使用的瓶颈，或者说是到了一个即将发生飞跃的时刻。是的，他想把太阳那橘黄色的光芒捧在手里，如山坡上盛开的花儿一样，随时可以品尝花的芬芳；他想把太阳的温暖贮存在洞穴里，保护他沉沉的梦乡，不至于被寒冷和猛兽惊醒。所有这一切焦虑和困扰，伴随着他大脑的发育而悄然滋长。这群人中，有一个人开始行动。

这个人，就是燧人氏。关于燧人氏的传说，有钻燧木取火、树枝钻燧石取火、燧石相击取火等不同版本。《韩非子·五蠹》言："有圣人作，钻燧取火，以化腥臊，而民说之，使王天下，号之曰燧人氏。"这段文字告诉我们，燧人氏因为发明了人工取火的方法，而成为人们追随的王。关于这里所提到的取火的材料，有两种说法：一曰燧木，是一种传说中的木头；二曰燧石，其名字和实物流传至今，是自然界广泛存在的一种硅质岩石。

燧石因质地坚硬，被生活在旧石器晚期的人们用来制作生产工具。我们不妨想象，燧人氏是个制作石器的能工巧匠，在制作石器的过程中，他屡次遭遇了身前脚下明火燃起的现象。虽然在燧人氏的传说中，取火技术的发明被描述为一次灵光突现的偶发事件，但在这个偶发事件出现

燧石

之前，类似情况必定重复了无数次。而终于到了某一天，燧人氏成功地将击打燧石之际迸射的火星与跳跃的火焰建立了逻辑关系。"燧石取火"，这个崭新概念的形成，是从量到质的思维飞跃！这束人工之火照耀的，不只是新技术，更是人类日益提高的认知能力。

另外，我们还可以来看一下关于火神祝融的传说。传说黄帝带领众人征战，途中有位叫容光的人负责用火石钻木取火，但由于天下雨而久久无法成功，情急之下他用火石砸山上的石头，而见到火星飞溅。容光受到启发，用击石的方法很快取到了火。黄帝将容光改名为祝融，并指定他为火官。融，意味着光明，祝融也因此成了华夏文化中的火神和灶神，被百姓敬仰。从此，通过击打燧石，人们可以更轻松地取到火。外出时只要携带火石，就如同携带火种一般。燧石此时变成了火种，仿佛火就寄存在里面。

从无数传统文学艺术作品及各地的民俗中可以看到，钻燧木取火或击燧石取火在古代是常用的取火方法，所以我们不妨把这些传说都视为远古人们取火方法的真实记录。不管怎样，火终于被人类收于囊中，可以因需而取，给予人们温暖、支持和保护。

由于地域及文化产生的差异性，取火有不同的方式和发展进程。但从上面这些传说中，我们可以看到石头在火的文明中所起的重要作用。石头本身不是火，但通过它，可以把火转换成可控的资源。借助石头，火能被唤之即出、取之即用。石头是火来到人间的桥梁，一如穿越黑暗的隧道。有意思的是，从汉字起源的角度来看，"燧"表示贯通黑暗，与我们常用的遂、邃同音，且都与"贯通黑暗"意义相关，有从黑暗中走出来而豁然开朗的意味。

在古代，燧石（也谓火石）成为百姓的家常必备。在铁器出现以后，以铁器击燧石可以更便捷地取火，因此铁制的火刀（或火镰）与燧石成为标准搭配。《水浒传》第一一八回写道："你等身边，将带火炮、火刀、火石，直要去那寨背后放起号炮火来，便是你干大事了。"在这直白生动的一句话里，那火刀、火石，就仿佛是我们今天的打火机。

石头与火的关系，在人们发现了煤和石油之后，有了新的进展。煤在古代称为石炭，在西汉时已被大量使用；而几乎在同时代，石油进入了人类能源的范畴。《汉书·地理志》记载，上郡高奴县（今陕西延长县）"有洧水，可燃"。这种可燃的洧水就是石油。

煤和石油都是在漫长的地质年代中，伴随着岩层的形成而形成的。煤，其本身在岩层中就以岩石的面貌存在。石油虽然是液体，却是一种天然矿物，它的出现有三个必要的地质条件：一是需要有富含有机质、能大量生成油气与排出油气的岩石（生油岩也称烃源岩）；二是需要具有连通孔隙、允许油气在其中储存和渗滤的岩层（称储集层，多为砂岩）；三是需要位于储集层之上能够封隔储集层使其中的油气免于逃逸的保护层（封盖层，多为黏土岩、泥岩）。

不管是煤还是石油，它们都被称为化石能源，是由植物等生物体埋藏在岩层之中石化而成的，其能量的源头是植物在阳光中的光合作用。乌黑的煤和石油，以黑暗的方式储藏了太阳的光芒，这真是一个令人感叹的奇妙转化！岩层正是酝酿了这一过程的子宫，煤和石油便是岩层孕育的瑰宝，是大自然为人类准备的丰厚礼物！

　　类似的还有天然气，那是太阳的另一种蛰伏。亿年的岁月，它沉沉地酣睡在大地之中。而在某个早晨，太阳踩着一缕轻烟，来到我们的厨房，在按钮咔嗒作响之际，蓝色的火苗粲然绽放。这，正是燧人氏当年望眼欲穿的梦想之花。

　　火的来源版本越来越多。燧人氏的后代，早已经可以把火的光芒转化为电，在电缆中千里迢迢地进行传输。因为掌握了火的取用之道，人的寿命得以大幅度延长，教育和文明得以更快地向前迈进。但无论如何，石头在人类取火的盛宴中依然只担当通道的角色，是一个把太阳的光芒引入人世间的媒介。

铀矿 / 汤江伟摄

　　直到 19 世纪，科学家发现，石头本身所携带的能量可以被释放和利用。爱因斯坦用质能方程 $E=mc^2$ 为我们展示了物质能量转换的方式。之后，一种叫铀矿的石头，开始逐渐为我们提供新能源。石头，当它的潜能被我们逐步认识，便为我们的生活带来了无限多的新可能。

　　始于钻燧取火的发现之路，在不断开拓中延伸。这是一条自然探索之路，一条打开黑暗之境的光明通衢。当我们回溯这条光的通途，看到其中最闪亮的，却是我们自己的光芒——闪烁在人类思想天空中的耀眼星辰。正是它，指引着我们踏向更广阔的远方。

（丁小雅）

四、石之精华绘丹青

"天苍苍，野茫茫，风吹草低见牛羊"——一个色彩勾勒出的美好世界！

天空变幻无穷，如此瑰丽。华光可以瞬时到达我们的视网膜，但又转瞬即逝。美丽的景象，我们的双手如何才能攥握、抚摸、保留？

这样的问题也许正是美术诞生的起因。

幸运的是，色彩闪现在天空中，也滋长在大地上。

人类关于矿物颜料的尝试，可以追溯到旧石器时期。人们用石头在崖壁上刻画，留下粉末状的痕迹，其颜色与背景的不同使图案凸显出来。石头所呈现的绚丽引人注目，由此人们知道了石头可以染色这一神奇功用。

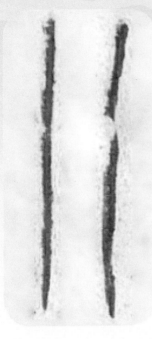

瓷板上的赤铁矿条痕／钱新标供图

色彩是一种光学现象。矿物颜料通过对光波的选择性吸收，为自己穿上了彩色的衣裳。地质学上把矿物在粉末状态下的颜色定义为条痕，它是矿物的重要物理特性和鉴别特征。一种矿物由于含有杂质或受其他因素影响，其不同块体之间可能有颜色差异，但其条痕的颜色保持不变。因此，粉末状的矿物具有稳定的色彩，是良好的着色剂。

早期人类对矿物颜料的理解未必如此理性，但丝毫不妨碍人类对它的神奇视觉效果产生浓厚的兴趣。在北京龙骨山山顶洞人遗址中，考古学家们发现了经赤铁矿染色的小石珠子，说明在旧石器晚期，人们已经建立了通过色彩调整来增加饰物美感的观念，并掌握了矿物颜料的采集、加工、使用的基本知识和技能。此外，从遗址上，人们也发现赤铁矿粉用在了原始的墓葬之中。它让我们看到，在人类的幼年，矿物颜料因其色彩的绚丽和持久，已经成为原始宗教和人类情感表达的象征。

7000 年前的河姆渡人对红黑两色的运用
（陶壶，出土于田螺山遗址）/ 孙国平供图

最早被广泛使用的矿物颜料是红色系列和黑色系列，红色如赤铁矿，黑色如磁铁矿。随着绘画需求的增加和绘画技巧的发展，更多矿物被用作颜料。古人常用的矿物颜料，红色的主要是土红（赤铁矿）、朱砂（硫化汞）、铅丹（四氧化三铅）、雄黄（硫化砷）等；蓝色的主要有蓝铜矿、

孔雀石 / 周易杉供图

青金石等；绿色的主要有孔雀石、氯铜矿等；黑色的主要有磁铁矿、炭黑等；黄色的主要有雌黄、黄土等；白色的矿物颜料种类较多，有滑石、高岭土、云母石膏等。中国把绘画叫作"丹青"，"丹"就是朱砂，"青"就是青金石。"丹青"两字，为我们展示出矿物颜料在中国文化中的重要作用。

在这些矿

雌黄 / 王元洪供图

物颜料中，朱砂是特殊的一种。1972 年，长沙马王堆汉墓出土了大批彩绘印花丝织品，织物上鲜艳欲滴的红色，正是朱砂！埋葬时间虽长达 2000 多年，但依然鲜艳夺目。朱砂的颜色呼应了中国人对红色的追随和皈依，百姓们愿意为孩子的额头点一抹朱砂，以表吉祥和

辰砂（朱砂）/ 张靖南供图

喜庆。红色也以春联、中国结等形式走进千家万户，中国红成为中国人的一种心理色彩和文化象征。

　　把矿物颜料的使用推向高峰的，是北凉以来出现的各种石窟，其中，敦煌石窟堪称群峰之首。敦煌石窟开凿于北凉时期，之后的 1600 年间，无数画工在这片荒凉的风沙之地，用色彩作为语言和文字，书写了中外艺术史上最壮观的鸿篇巨制。现存的 735 个石窟，

阿富汗青金石原矿 / 周鼎潮摄

有壁画 45000 多平方米，彩塑 2000 多尊，使敦煌当之无愧地成为全球最大的古代美术馆。而成就这一切的重要元素之一，正是矿物颜料。莫高窟所用的矿物颜料，除一部分宝石颜料如青金石等产自国外，大部分是就地取材。距莫高窟 20 多千米的三危山深处，分布着当年的古颜料矿。五颜六色的矿洞，布满大小山头。正是这些矿物颜料，支撑起古人延续千年的创作。

矿物从天然状态成为画工笔下的颜料，需要经过开采、初步分选、破碎、淘洗分选、干燥，最后加入植物胶而成为具有黏着力的

青海茫崖雅丹地貌的绚丽色彩 / 蔡依萍摄影

颜料。这是包含高度个人体验的特殊的矿产品加工工艺。在石窟艺术盛行的年代，杰出的画工通常也是制作颜料的高手，他们甚至会亲自去山上挑选矿石中的精华来作为颜料，道道工序亲力亲为。只有充分掌握手中颜料的性能，才能顺应和把控颜料在笔端的变化，从而描绘出心中的蓝图。画工们的创作不仅为洞窟带去了生机和力量，也赋予了矿物颜料以灵魂和精神，人与自然在这里相互渗透，融为一体。

在数字化时代，矿物颜料除了继续在绘画领域展示它持久而独特的魅力外，也通过纺织品等多种载体，进入人们日常的生活场景，继续展示它令人惊艳的古朴时尚。当文明的脚步渐渐走向远方，也许，那些最贴近自然的美好——一方拙朴的岩石和泥土，它的厚重和丰富，才让我们真切地体会到"蓦然回首，那人却在灯火阑珊处"的惊喜和慰藉。

（丁小雅）

五、石头花开青铜来

在汉字的起源中，"金"字最早出现在青铜器的铭文里，用来表示铜。其最初的字形记录了坩埚冶炼的情景，是对冶炼石头获得铜金属过程的形象描述。

铜矿石

铜，是地壳中含量比较丰富、性质比较稳定的金属元素，它既以硫化铜等化合物的方式存在于岩石中，也以自然晶体的纯铜裸露在山川河流中。当早期人类奔波于大地，赤红的纯铜或者各种鲜明色彩的铜矿石，自然吸引了他们的注意，铜因此是最早被发现并广泛使用的金属之一。

考古学家在仰韶文化姜寨遗址发现了一个铜片和一段破裂的铜管。构成这些铜器的铜可能源自天然铜，也可能来自彩陶烧制的灰烬之中，是烧陶过程中的偶得。在马家窑文化遗址中，考古学家发现了青铜刀，这把带着稚拙感的小刀的出现，说明在新石器晚期中国就出现了青铜加工工艺。从自然铜到青铜，华夏祖先们跨越了矿产资源加工技术上的巨大鸿沟。

自然铜　　　　　　　　　　　　自然锡

　　中国青铜的出现，与中国的彩陶烧制工艺发展一脉相承。当出现了专门烧制陶器的窑时，窑内形成了还原环境，且窑温可达到铜的熔点。所以当含铜的岩石在彩陶窑中焙烧时，其中的铜就发生了熔解、还原而析离。同样，我们的祖先也可能是在这炽热的窑中发现了青铜：当含有多金属的岩石在窑中加热，各种金属发生了混熔，导致铜与锡、铅等金属的合金出现。之后，充满想象力的工匠们发现，纯铜之中添加了锡或铅之后，熔解温度也可大幅度降低，由此，可掌握、可重复的合金工艺真正产生。

　　合金的发现，是人类史上的重大事件，它为金属加工带来了更多的可能性。伴随熔点降低的是，合金表现出更多优异的性能。譬如，与纯铜相比，青铜的可塑性降低，而强度增加。

　　在遥远的夏、商、周，我们的祖先不断地尝试，在一炉又一炉的火中，艰苦地摸索，寻找铜与其他金属的最佳配比，以及合适的冶炼温度，以期制造出理想的青铜。被誉为人间传奇的越王剑，虽逾几千年而锋芒依旧，正是非常巧妙地运用了不同比例下的合金性能差异：其剑刃部位因青铜中锡含量高而获得高的强度，能够削铁如泥；剑脊部位因锡含量低而保持较好的韧性，确保不易折断。

青铜剑的横切面图（左右两侧剑刃含锡高，中间剑脊含锡低）/ 摄于上海博物馆

对矿石品质的掌握和对冶炼技术的探索过程是如此困难，在每个精美的青铜器背后，是无数次失败以及为此付出的沉重代价，以至于我们的历史上流传了许多铸剑师以血肉之躯投身炉火，才得以熔化矿石、铸成青铜剑的传说，譬如我们熟悉的莫邪、干将和眉间尺的故事。

但一切都阻挡不了文明的脚步。

青铜的发展，从夏起源，在商朝到达高潮。西周时其技术更加精湛，纹饰更加精美，并到达成熟的高峰。到了战国时期青铜渐渐被铁器所替代，前后经历了约 1600 年。在夏、商、周，青铜毫无疑问是国之重器，而商朝更被称为青铜王朝。

　　青铜的制作方法有泥范法、失蜡法、金属型铸造法等。商朝时广泛使用的是泥范法。用泥范法制作青铜器，首先要制作内模和外范，其中内模即是一个与想要制作的青铜器完全相同的内芯。

内模和外范 / 摄于上海博物馆

用来制作泥范的泥料，其品质也非常重要。要求有合适的湿强度和干强度、低的发气性和高的透气性、良好的可塑性和耐火性等。商人的主要活动范围是黄河中下游，这里分布着大面积的黄土，这些黄土正是制作泥范最合适的原材料。这也许是黄河流域的中原地带成为青铜集中发展地域的原因之一。

铜、锡矿产资源的保障至关重要。如果把泥范比作锅，那矿石原料就好比煮饭的米。全国出土的青铜器十分可观，仅在殷墟安阳商朝国王武丁的王后妇好的墓地，就出土了青铜器 1.6 吨！如此规模宏大的青铜生产，对铜、锡、铅等矿产资源产生了巨大的需求。而商王朝所在的黄河中下游区域缺少良好的铜、锡资源，矿产资源的获得成为商朝扩大疆域、建立据点的重要内在动力。这就使得商朝出现了两个特别的现象。一是商朝都城的搬迁。商朝的都城屡屡搬迁，是历代王朝中迁都最多的，自先商起共迁都 14 次，直到盘庚迁都安阳才停止迁徙，都城的迁徙与矿产资源的获取可能有重要的关联。二是催生了"金道锡行"运输线。商朝中期，商的范围跨过了长江，并逐渐形成了被称为"金道锡行"的矿产运输通道，这是中国大地上最早的远距离物资运输通道。大量铜、锡等矿产资源从长江中下游的江西、湖南、安徽等地通过"金道锡行"运往中原腹地，并在当地形成了诸多开采遗址，如江西瑞昌铜岭、安徽铜陵等，矿产地及运输系统的组合，支撑起商周青铜的发展。矿产

兽面纹爵（商中期）

管流爵（夏晚期）

资源的供应，也从一个侧面展示出商朝已经具备了强大的社会资源统筹能力。

矿产的供应支撑起青铜器的量产，而对工艺的追求，催生了夏、商、周青铜器的辉煌。

除了钱币等会批量铸造及以金属范制造工具等，中国古代青铜器一般一范只铸一器，从而件件面貌各异。构思巧妙

亚父辛爵（商晚期）

的形制，富丽精致的纹饰，风格多样的铭文书体，美到使人无法用语言形容。同时，青铜器的发展又有其内在的脉络一致性和连贯性。当我们在博物馆中观赏时可以发现，从夏到周晚期的青铜器，其工

艺和审美表现手法呈现明显的连续的变化。随着矿产勘查、开采技术的发展，矿产资源流通渠道的形成，中原腹地的铜矿供应保障程度提高，给了青铜匠人们更多机会去制作和发展新技艺。同样的爵，从夏到商晚期，其器形大小、厚薄、形制、纹饰，都出现了明显的更迭变化，器形更加厚重大气，表面处理更加细致，纹饰更加精美。

对于工匠们在漫长历史阶段中持续不懈的探索和科学实践，史书以文字的形式进行了记录和总结。公元前5世纪的《周礼·考工记》是世界上最早的关于合金熔炼的科学典籍，其中详细记载了青铜合金中铜、锡、铅等配比与青铜性能之间的对应关系。"金有六齐：六分其金而锡居一，谓之钟鼎之齐；五分其金而锡居一，谓之斧斤之齐……金锡半，谓之鉴燧之齐"，说的是不同青铜器铸造时铜、锡配比方法；"凡铸金之状，金与锡，黑浊之气竭，黄白次之……青白之气竭，青气之次，然后可铸也"描述的是熔炼时，熔烧窑内不同阶段的色貌，并明确以纯青来指示青铜炼成。

历史以它的方式，表达了对中国青铜文明的珍惜和崇敬。而所有这些文字以及实物，重现了久远年代那些细致的反复实验、认真的分析总结、坚韧的开拓创新。中国的青铜制作历史，恢宏灿烂，毋庸置疑是一部书写在华夏大地上的科学技术发展长卷。这部长卷告诉我们，华夏文明在其源头就呈现出科学、严谨、求实的根源性特质。当面对古老的青铜物件，端详其形制、纹饰、铭文，透过处处细节，我们的眼睛对视到的是穿越千年的执着、坚定和对美好的真挚向往。它们既是实用物件，又是礼器和艺术品，还是规则和信念；既是物质的，更是精神的，是伟大创造力的象征。这，正是中国青铜器的独特和不凡之处。

铜自石中来，青铜器是一朵根植于石头的美丽金花。它在中华文明的熔炉中孕育、诞生，而绽放于中华民族对科学的如火热情中。科学、求实、精益求精的工匠精神和铸造技艺，隔着几千年的岁月长河，薪火相传到今日而愈加炉火纯青。

（丁小雅）

第二章

　　一块朴实无华的石头，已历经亿万年的时光而存在。它默默无言地贯穿了人们的生活，成为信仰的寄托。人们以这不惧时间磨砺的载体表达自己的心声，宣泄个性，或者把一生的心气凝聚其中，使石头成为人生的一部分。绘画、刻印、书写，或是把玩、爱好石头，各种方式都离不开"石品随人品"的表达。任石头变换千百种形态，当我们静下心来，仔细聆听，总能听见来自心灵的回响。

心灵深处的回音

一、玛尼堆——生长在大地上的艺术与文化

　　在藏族群众口中，流传着这样一种说法：藏族聚居区有两大圣地，一是布达拉宫，二是新寨玛尼堆。布达拉宫的名气很大，许多人都知道它；新寨玛尼堆的名字却不那么为人所熟悉。然而，如果你亲临现场，它的壮阔宏伟，它在艺术和文化上的独特性，一定会带给你深深的震撼。

　　新寨玛尼堆位于青海省玉树县新寨村。它东西长约 283 米，南

布达拉宫／蔡依萍摄

北宽约 74 米，高约 2.5 米，有 20 多亿块玛尼石。它的周围有长长的石经墙、高高的白塔群和几十个转经筒。经幡、石刻、佛像、玛尼石、刻有经文的牦牛头盖骨和牛角……整座玛尼堆就是一座巨大又神圣的露天祭坛。它是世界上最大的玛尼堆，也被誉为世界上最大的石刻博物馆。

新寨玛尼堆 / 蔡依萍摄

为什么新寨有这么大的玛尼堆？它又是怎么形成的呢？

玛尼堆，藏语称"朵帮"，意为"垒起的石头"，又称"多崩"，意为"十万经石"，是一座座用洁净的石块或石板垒起来的石堆。它们分布在山间、江畔、寺院空地等处，只要在藏族群众聚居的地方，就会有它们的身影。早期，藏族群众只是把石头堆垒成圆锥形的小尖塔，为了指路，或者在孤独旅途上的陪伴；渐渐地，堆石的做法发展为广泛流传的习俗，成为藏族群众的公共祭祀场所。通过石头这一坚定、永恒的象征物，藏族群众来表达信念和爱，并用来供奉神明，期盼与神沟通，并获取神的庇佑。

　　在青藏高原的过往岁月里，纸张曾经是一种奢侈品，它的制作原料稀少、工艺复杂、产量很低，因而非常珍贵。藏族群众用宝贵的藏纸书写经文和历史，并将其珍藏在布达拉宫等寺庙之中；他们也会把获得的金玉铜铁制作成佛器，加以珍藏和礼拜。但藏族群众丰富的内心世界，还需要一种更为普遍的载体，来抒发情感、寄托心愿。

　　智慧的藏族群众，发现了石头。石头随处可见，俯拾即是，能满足即刻所需；石头不值钱，无论地位高低，都可以获得；石头的不朽，恰当地承载了藏族群众对信仰永恒追随的愿望。石头，因此以特殊的身份，走进藏族群众的世界。他们把信念寄托在石头上，放入玛尼堆，围着玛尼堆转经，祈求平安和顺、除病减苦。在孩子出生或有重大事件发生、重大日期来临之际，他们也会用心选择和制作玛尼石，寄托愿望，祈求美好。

新寨玛尼堆 / 蔡依萍摄

新寨村附近，恰好大量分布着一种白色的层状岩石，这种岩石经敲打后可沿岩石的原始层理开裂成板状，成为良好的雕刻材料。200多年前，藏传佛教高僧嘉那道丁桑秋帕永（嘉那活佛）来到新寨村，在这里奠基了第一块玛尼石。他以此为缘，住在新寨村，同僧俗群众一起刻凿玛尼石，并度过了一生。从此，广大的藏族群众参与了这一旷世巨作的建造。

同为藏文化圣地，布达拉宫是早期贵族生活和进行宗教活动的场所。从位置上看，布达拉宫位于盆地中的山巅上。人们需要拾级而上，才能到达它的身旁。建筑物的外观和色彩给人以强烈的华丽、庄严和殊胜感受，从而引发了人们对佛教教义的敬仰、膜拜和投入。而新寨玛尼堆分布在高原之上、阳光雨露之中，它是那样的朴实无华和开放可亲，人们不仅可以瞻仰它，还可以走近它，随时参与对它的建造，藏族群众亲手促成了它一天天的成长。布达拉宫和新寨玛尼堆，就如青藏高原上的两个精神高地，满足和平衡着生活在这片土地上的人们的精神要求，缺一不可。

伴随着虔诚，普通的石头转变为具有特定意义的玛尼石。这个过程，融入了藏族群众非凡的创造力。玛尼石上镌刻或书写的内容丰富多彩，从佛像、"六字真言"藏文经文、佛塔，扩展到龙、鱼、鸟、狮、花草等图纹。从选石到确定图案，再到用心雕琢，玛尼石在藏族群众手中从一块石头蜕变为集信仰、审美于一体的综合性精神文化作品。它记录的不仅是藏族群众的心路历程，还有他们的生活、周围的世界，记录下属于普通藏族群众的艺术发展道路。

在广阔的青藏高原，究竟有多少座玛尼堆，又有多少块玛尼石，这是一个无法统计的数字，一个不断扩大的数字。无论路有多长、山有多远，藏族群众相信，前方总有玛尼堆在守候。它的物理温度或冷或凉，但从心理温度来说，它一定充满了温情和感动。它是人与人之间的陪伴，是人与自然之间的交流，无言而忠实，沉甸甸地书写着高原大地上的白云蓝天与人间烟火。

（丁小雅 陈嘉琦 郑剑）

二、千年莫高窟

公元 366 年，一位叫乐尊的僧人经过敦煌东南方的鸣沙山，突然看见山上金光闪闪，仿佛一片佛光，他若有所思，留了下来。从此，他在岩壁上开始开凿石窟，塑造佛像。乐尊死后，后人接过了他的事业，前赴后继，使一座座石窟绵延成一片石窟群，成为著名的莫高窟。

莫高窟 / 孙旭双摄

　　莫高窟地处敦煌东南面，东邻三危山，西接鸣沙山。在陡壁之中，信徒和僧人们开凿出近 500 个密布的洞窟，在洞窟内塑造各式各样的佛像，绘制佛教题材的各色壁画。不仅如此，洞内还有隐藏的石室，也就是后来发现的藏经洞，里面保存了大量价值极高的古代经卷、文书、画卷等。所有这些洞窟错落有致，排列成上下 5 层，远远望去蔚为壮观。

　　莫高窟位于河西走廊——古丝绸之路的枢纽，亚、非、欧三大洲的贸易与文化在此交汇。东西方文化碰撞、融合、交流，留下丰富的文化与物质遗存，影响深远。石窟群在河西走廊沿线交相辉映，武威天梯山石窟、张掖马蹄寺石窟、瓜州榆林窟……敦煌莫高窟就是这灿烂篇章中的重要一部分。

　　河西走廊上的石窟，历经时光蹉跎，有的已经湮灭在岁月的风尘之中，而莫高窟在历经 1600 年风雨后，留存至今。不得不说，

当年的选址起到了重要的作用。它所在的地层分为 3 层，分别为砾岩、半胶结砾岩、砂砾岩。主要岩层为砾岩层，其间夹有砂岩。其中，莫高窟位于半胶结砾岩层。这类砾岩层由单一的灰白色砂砾石组成，结构密实，局部疏松，易于人工开凿，工程地质条件良好，为莫高窟的开凿和维护提供了便利。

尽管莫高窟所在岩层比较容易开凿，但其内部的岩层性质却极为复杂。层理交错，岩性变化大，既有钙质胶结，又有泥质胶结，这导致砾岩层性状不一。在同一高度凿刻的洞窟，岩石硬度、大小和密度都不尽相同。正是这种复杂的岩性变化，让当时的人们在建造时选择将石窟开凿与泥塑、彩绘结合。洞窟中既有彩塑、绘画，又包含唐宋的木结构建筑，这样的丰富性是当今世界上任何宗教石窟、寺院或宫殿都无法企及的。

莫高窟 / 孙旭双摄

从地理位置上看，莫高窟地处沙漠戈壁滩中，气候干燥，降水稀少，壁画颜料不容易受潮褪色。而其特殊的水文地质条件，在其周围形成了一些泉水露头，这些泉水汇聚形成了宕泉河，流淌在莫高窟的近旁，使得莫高窟虽位于沙漠，却有可供生存、生活所需的地下水来源，神奇地滋润着这片土地，支撑起历经千年的创作。

以上种种因素汇集到一起，形成了如今莫高窟这座千年不朽的伟大艺术宝库。今天，当我们凝望莫高窟的一尊尊佛像与栩栩如生的壁画时，我们依然能感受到这些文物激荡千年的意蕴，仍然为它悠久的历史，还有那厚重深沉的文化积淀而感动。

（陈嘉琦）

三、米芾拜石

米芾，字元章，北宋著名的书法家和画家，也和苏轼、黄庭坚、蔡襄并称"宋四家"，代表北宋最高的书法成就，这足以看出米芾的艺术造诣之高。

在艺术成就之外，米芾还因特立独行的性格和与众不同的癖好而闻名。有人作诗这样评价他，"衣冠唐制度，人物晋风流"，说他穿着唐朝的衣服，行为却像魏晋时期那些自由的风流名士一样不受拘束。米芾的癖好之一就是鉴赏奇石，他对奇石的喜爱已经到了如痴似癫的地步，以至于他时常会做出让旁人不解的举动。

《宋史·米芾传》中写道："无为州治有巨石，状奇丑，芾见大喜曰：'此足以当吾拜！'具衣冠拜之，呼之为兄。"他在无为

州当官的时候看到一块奇石，高兴得不得了，竟然脱下了官衣官帽向这块石头跪拜，还称它为"石丈"。有人认为这种行为是玩物丧志，向朝廷弹劾米芾。米芾被罢了官，自己却并不在意，还画了《拜石图》来证明自己确实醉心奇石。这些事情流传开来，大家都觉得米芾对奇石、怪石的癖好已经到了一个极深的地步，他也落得一个"米癫"的称号。

这块"石丈"现在仍保存在安徽省无为市米芾纪念馆里，高约一人，正是安徽当地产的巢湖石。巢湖石与太湖石类似，是一种石灰岩，质软，易溶蚀。石头经风化侵蚀，会在表面形成大量沟壑和孔洞，展现皱、瘦、漏、透的形态。有时，在岩石上还能够发现动植物化石，这些化石带着生命的柔情与特别的过往，与玲珑剔透的巢湖石融为一体，更增添了赏石的厚重感。

集皱、瘦、漏、透特点的石灰岩类奇石

米芾一心扑在石头上，哪里产奇石怪石，他就愿意去哪里，太湖石、灵璧石、英石等名石的产地都有他的足迹。他的藏室宝晋斋中收藏了许多形态各异的石头，琳琅满目，进入宝晋斋仿佛进入一个石头的奇异世界。其中最有名的就是南唐李后主的旧物灵璧石砚山。米芾在自己的书法作品《研山铭》里，用"五色水，浮昆仑。潭在顶，出黑云。挂龙怪，烁电痕。

下震霆，泽厚坤。极变化，阖道门"等语言，不遗余力地描写这方砚山，展现了它不凡的姿态；字里行间也透出他与石头的情感连接。

将一生精力倾注在书画奇石上的米芾，个性傲岸不屈，不喜逢迎，早已看淡名利，而专注追求艺术个性的表达。正因如此，他的书法作品达到了别人难以企及的高度，他也被誉为"草圣"。那狂放、舒展的笔墨，犹如一股来自山野的春风，遒劲而轻盈，力钩千钧，让人活脱脱地看到石头的风韵。

米芾传世的诗作较少。然而在这样少的诗作数量中，就有两首为咏石题材，分别为《九曜石》和《菱溪石》。这两首诗作于人生的不同阶段，从中可以看出，奇石贯穿了他的人生。也许可以这样说，米芾，是一个带有"石化"痕迹的人；或者换个说法，石头，承载了米芾人生的悲与欢。

米芾曾在诗帖中这样形容自己——"棐几延毛子，明窗馆墨卿。功名皆一戏，未觉负平生"，可见其内心的坦荡和满足。外表的狂

放、艺术作品的独特，表达的是他心中的高山和大海。石头与书法，米芾借此在追求理想情怀的道路上走得极远，并将他个性化的身影，深深烙刻在中国文化的历史上。

（陈嘉琦）

四、石头一梦，良玉仙缘

　　200多年来，《红楼梦》始终活跃在人们的视野中，它的内容和人物丝毫不因时间而变得陈腐，可谓中国古典小说的翘楚，是四大古典名著之一。《红楼梦》所讲述的，是一块补天留下的顽石，下凡经历一番富贵温柔乡，最终历劫归来的故事。世人皆知《红楼梦》，但它原本的名字《石头记》，也许更道出了作者的意图。

　　整部《红楼梦》，与石头紧密相连。小说在成书之初并不叫《红楼梦》，而是叫《石头记》。《红楼梦》最负盛名的抄本《脂砚斋重评石头记》就是一个有力的证明，也就是说，小说成书之初和此后相当长的时间里都叫《石头记》，《红楼梦》是小说写成之后，

在流传发展中确定的名字。这也说明，曹雪芹在写小说时，有意把石头作为一个重要的意象来着笔。

小说的主线，可以说就是围绕着石头展开的。作者在小说的开篇讲述了一个神话传说。相传女娲炼石补天时用了三万六千五百块石头，只留下一块石头，将它遗弃在了青埂峰上。这块经女娲炼化的石头通了灵性，感叹自己"无才不得入选"，于是"自怨自愧，日夜悲哀"。一天，一个癞头和尚和一个跛足道人路过听见了它的嗟悼，就将它幻化成一块扇坠大小的美玉，刻上字，让它跟着将要历劫的神瑛侍者下凡。于是，《红楼梦》的主角贾宝玉"衔玉而生"，这块玉就是补天石。

顽石幻化为玉，让小说奇妙而生意味。《说文解字》有言："玉，石之美者。"玉就是石的一种形态。古人一说到玉，就会联想到温润美好的意象。在中国古代，人们赋予玉"仁、义、智、勇、洁"五德的内涵。癞头和尚在通灵玉上刻的字，正面是"莫失莫忘，仙寿恒昌"，反面是"一除邪祟，二疗冤疾，三知祸福"，其实，这就是玉之五德的另一种体现。曹雪芹让这块经过长久浸润的补天石，化作了一块美玉，与他奇崛的想象力相依托，显得合情合理。而在文中，宝玉出身显贵，又"衔玉而生"，却常被调侃为"有时似傻如狂"的"蠢物"，也会觉得自己是一块无用的顽石。这也暗示了《红楼梦》里补天石与通灵玉同出一源。

此外，《红楼梦》中有许多奇妙的安排。例如，曹雪芹假设整个世界都是有生命的，他特意在小说中以石头的视角记录宝玉的一生，有人干脆认为，"这块石头是一位记录人，一位电影摄影师"。从某种意义上来说，贾宝玉、石头，还有他佩戴的那块美玉浑然一体。这背后不仅有古代灵石崇拜的影子，而且让整部小说都染上空灵玄幻的色彩。

而在《红楼梦》之外，曹雪芹本人也与石头结下了不解之缘。他不仅是一位伟大的作家，而且是一个喜爱画石的画家，多绘石头，有很高明的画石技巧，会以石自况，借石头画来抒发自己的不平之

气。乾隆二十五年（1760），他的友人敦敏作诗《题芹圃画石》赞扬道："傲骨如君世已奇，嶙峋更见此支离。醉余奋扫如椽笔，写出胸中块垒时。"认为曹雪芹把心里的郁结都寄托到石头身上，借顽石的峻峭陡然，开合豪放，沉郁雄厚，来抒发自己的心绪。鲁迅也说："曹雪芹实生于荣华，终于零落，半生经历，绝似'石头'。"

顽石与美玉，经《红楼梦》和曹雪芹本人的演绎，更显风致。人们欣赏石头，看它自然形成的形态，中意于奇石不雕琢的奇崛与恣意；面对宝玉，则看它人格化的内涵，看重玉本身象征美好品德的寓意。曹雪芹在《红楼梦》中借顽石幻化美玉的情节，不仅抒发了自己的情志，也将传统文化中的灵石意象予以继承、发扬。

（陈嘉琦　郑剑　郑丽波）

五、山水画中的石头

《芥子园画传》中有言："石为山之骨，而泉又为石之骨。"石头与山水相辅相成，是山水画中重要的元素。

石头的出现，为一幅山水画带来磊落雄壮的气概。它既可以是矗立远处的山岩，也可以是卧在近处水边的巨石。画家画石，先用淡墨勾勒轮廓，再着色阴影部分，深色是石头凹进的阴面，浅色就是凸起的阳面。深与浅的合理分布，是石头融于画卷而不突兀的关键。这也是中国画的一种技法——皴法，可以用来表现山石、峰峦和树木的脉络纹理。画家用一杆毛笔，画出深浅干湿各有不同的笔触，来表现石的明暗、凸凹、构造等，或舒展，或浑厚，或空灵，

明代董其昌作品 / 摄于上海博物馆

石头与画画的人完成了一次精神上的沟通，绘画者的审美意趣也在不言之中。

山水画中的石头，就像白居易说的，"三山五岳，百洞千壑，覙缕簇缩，尽在其中"。或写意或写实的山岳、孤峰、石洞……中国

的赏石文化与美学思想就藏在其中。

在明代画家钱穀所作的《后赤壁赋图》扇面中，高耸的岩壁静静站立。岩壁线条既有圆浑的，也有方折的，用笔稠密，让人感觉到扑面的气势，又与表示远处山峰的淡淡墨痕相映成趣。画面中一人正沿着石径攀登而上，两人在岸边眺望，他们身上蕴含的"动"中和了石头的"静"，人与自然达成了奇妙的和谐。

明代钱穀《后赤壁赋图》/ 吕商依摄于故宫博物院

"元代四大家"倪瓒画有《梧竹秀石图》，他选择竹与石搭配，保留两者原本的意蕴，又在组合之后赋予了竹、石坚贞高洁的共同内涵。几块怪石集中在画的下部，最大的一块耸然直立，上面立有一块柱状瘦石。此画既写实，又抒发了画家的心情，传递出一种清冷、高洁幽寂的感觉。

这些只是众多中国山水画里的几幅代表作。山水画中的石头就是石头在文化属性上的一个缩影。随着时代的变迁，人们对精神的追求和抒发内心的渴望变得越发强烈，得益于此，石头在审美领域的功能获得了广泛的扩充。在山水画里，不论是孤峰还是连绵的山峦、悬崖陡壁，石头都有极强的表现力，地位也从原来的配景逐渐变为主角。画家或观赏者，在画石、观石的时候，有意无意地把自己的感情投射到石头上，而不再把石头仅仅当作一个无生命的存在。特别是文人画，文人遭受了政治上的压迫和生活的磨难，往往会用绘画的方式表达自己内心的伤感与怨愤，缓解心灵的疲倦，石头岿然屹立的形象就能寄托他们的情志。

　　毫无疑问，古人画石赏石，是在崇尚山水，追求"天人合一"。其中，文人士大夫在欣赏山水石景时，会情不自禁地赋予石头人格，将石头的形象艺术化。古往今来的俗语和诗句都提供了证据，"精诚所至，金石为开""独有伤心石，埋轮月宇间""义心若石屹不转，死节名流确不移""我具衣冠为瞻拜，爽气入抱痊沉疴""五岭莫愁千嶂外，九华今在一壶中"等，数不胜数。在这些以石头为主题的诗与画中，人们借石头赞美大好河山，抒发胸怀与志向。把它们串起来的主线就是中国传统的文化哲理，例如"仁义礼智信"与"温良恭俭让"，千年前孔子的箴言仿佛回荡在耳边，所谓"仁者乐山，智者乐水"而已。

　　石头是有生命的，与赏石玩石的人们思想相通相连。山水画可以抒发画家们的高尚情怀，让他们描绘天地、山水、人物，养性寄

情。石头身上蕴含的思想和品质——那种坚韧不屈、铮铮傲骨的力量与画家孜孜不倦追求的艺术精神吻合，让人们觉得可以和它产生心灵沟通，这也是中国古代审美精神的根本，因此被画家格外看重。"石品随人品"，因此，每当石头出现在中国山水画中，带给观赏者的都不再是一个简单的石头形象，而是画家的心境。

（陈嘉琦 郑丽波 郑剑）

第 三 章

　　在房屋出现之前，人类幕天席地，过着穴居的生活。房屋和城市的出现，让人类拥有了属于自己的家园。石头，是家园建设必不可少的组成部分，它们或充当建筑材料，或作为地质构成，营造出各不相同的环境，决定了人类的生存空间，左右着人类的发展方向。

阳光照耀的家园

一、河姆渡的故事

7000 年前，四明山东北麓与浩瀚东海之间，有一片开阔的濒海地带。大大小小的湖泊、沼泽、河流遍布，水波荡漾；沼泽的边缘，碧绿的水稻正在扬花；绵延的阔叶林间，鹿、野猪、牛等动物正奔跑追逐。地势较高的地方，有一排排房子，这些房子以桩木为支架，支架上搭以

河姆渡人生活复原图 / 鲁益涛摄于河姆渡遗址公园

梁木，再在梁木上铺设地板、盖顶。这是这片低平潮湿的区域里的一个常见村落。此刻，这些被称为干栏式房子的主人，正

田螺山遗址干栏式建筑遗留的木桩

向我们走来，他们的共同名字叫河姆渡人。

　　天气炎热多雨，晴天的时候，可以见到制作陶器的窑，浓烟滚滚。窑里装的是他们期待的日常用品。他们把稻壳、秸秆碎末或者炭灰等掺入泥中制作陶器，出陶成功率大大提高，烧出来的陶器，色黑而美；他们也能在素坯上描绘动物、稻穗、树枝，或抹上鲜艳的矿物颜料，制作的器件不仅实用，而且令人遐思和心情愉悦。

夹炭黑陶（出土于河姆渡遗址）/ 孙国平供图

然而，这片给他们栖息，为他们提供食物的地方，是如此受气候的影响。家园一次次地淹没在海水的潮涌之中，使得他们被迫在平原地带与丘陵山地之间来回迁徙，以保全生命，让繁衍继续。最终，河姆渡人选择了转身离去，给了我们一个谜一样的故事。

这个谜底，在 1973 年被揭开。旋即，河姆渡人留下的一切，吸引了全世界的目光。

故事从大约 1.8 万年前开始。那时，全球气候快速变暖，末次冰消期开始，长江流域进入一个千载难逢的气候适宜期，人类社会经济得到大发展，史前文化得以蓬勃兴起。河姆渡文化就是长江中下游流域典型的史前文化代表。

河姆渡遗址公园的标志碑 / 陈磊摄

　　河姆渡文化遗址是一处保存较好、文化内涵丰富、延续时间长的新石器中期遗址。它位于浙江省余姚市，长江三角洲南翼宁绍平原中部的姚江谷地之间，发现于1973年，遗址总面积达4万平方米。通过1973年和1977年两次科学发掘，出土了骨器、陶器、玉器、

河姆渡遗址自然环境 / 孙国平供图

木器等各类质料组成的生产工具、生活用品、装饰工艺品，以及人工栽培稻遗物、干栏式建筑构件、动植物遗骸等文物近 7000 件。文化堆积厚度 4 米左右，叠压着 4 个文化层。经测定，最下层的年代为 7000 年前。后来又相继在河姆渡遗址附近发现了田螺山遗址和井头山遗址，其中井头山遗址形成年代在距今 9000—8000 年。这些遗址共同构成了河姆渡文化，它持续了近 4000 年的繁荣发展。

　　河姆渡文化发端于宁绍平原，该地区的地貌环境演化主要受控于海平面变化。宁绍平原在全新世（大约 1 万年以前）早中期的气温升高、海平面波动式上升所导致的自然环境变化过程，决定性地控制了河姆渡文化的起源、发展、兴盛、衰落和消失。

　　大约 1.8 万年前，末次冰消期后，气候转为温暖湿润，雨水丰富，海平面快速上升。海水沿着河姆渡遗址区所在的姚江谷地中地势较低的古河道挺进，迅速覆盖了大部分早期陆地。此后，海平面继续上升，大约在距今 8000 年前达到最高。8000 多年前，逐水而居的先民开始在地势最高的井头山附近繁衍生息。随着海平面逐渐

下降，河姆渡一带也出露水面成陆。平原、河流、滨海、丘陵等多种生态环境条件，加之温暖湿润的气候，为河姆渡先民提供了良好的生存空间和食物来源。河姆渡先民生活中的干栏式建筑、水稻种植，无不与当时的地质环境相适应。河姆渡的稻谷遗存成为长江中下游地区是全世界稻作农业起源之一的重要证据，河姆渡遗址也成为人文与地质关系紧密的一个绝好例证。从当时的地理环境、土质和气候条件来看，河姆渡遗址所处的地带是非常适宜人类居住和进行农耕的，先民们采集野生植物的种子、果实，捕猎哺乳类动物、

田螺山遗址出土的稻谷和米粒 / 孙国平供图

鱼类、禽鸟等，同时开垦湿地种植水稻；因地制宜地建造住房，发展手工业和进行工艺美术品的创作。

但由于当时的地貌刚成陆不久，低处湖泊众多，潮水时常入侵，海平面的波动很容易影响到河姆渡人所处的生活环境。当海平面上升，由于海水的顶托作用，河湖水位上涨，湖泊和沼泽水面扩大，河姆渡区块陆地面积减小，严重挤压了河姆渡人的生存空间；海面进一步上升，原始村落直接被海水吞没，河姆渡遗址完全回归自然中。河姆渡人迁往山区避难，直到海水退去，又迁回原址，如此奔波往复。

遗址出土的大量石器，可以让我们清晰地看到河姆渡文化的发展脉络。在井头山时期，石器用石主要是当地的砂岩等，受生业模式影响，人们的外出范围大约在方圆 5 千米，石器种类也比较简单；到了田螺山早中期，石器所用的岩石出现了燧石等非本地石料，最远的取石距离达 50 千米，并且出现了大量装饰用石器，说明人们

在满足生存之需外，还有丰富的精神文化活动；田螺山后期，石器用石再度回归本地，表明当时经济活动的萎缩。

田螺山遗址出土的玉玦 / 孙国平供图

因海平面波动，古风暴、洪涝等极端事件频发，大约5000年前，因四明山北麓排水不畅，原本经余姚北东向入海的姚江，改道折向河姆渡，平原地区再次大面积湖泊沼泽化，农耕文化受到极大冲击，加之姚江的改道也成为横亘在河姆渡古村落和南部四明山麓间的天然屏障，河姆渡文化最终没有经受住环境演变的考验，在各种地质环境事件中走向衰退和消亡。

然而，故事并没有到这里结束。大约公元前2000年，在姚江谷地以及周围丘陵山区的沟谷出口处，大量陆源碎屑物质顺水流外输形成坡度平缓的冲积扇地形，并不断堆积覆盖在海积平原之上，再加上海平面的下降，湖沼低地逐渐淤塞或被掩盖，导致许多湖泊和沼泽消亡，宁绍平原彻底摆脱海水的影响成陆。人类历史从此在这里翻开了新的一页。

今天，这片土地上发展起了一个以港通天下、名扬四海的城市。它的名字，取自"海定则波宁"——宁波。这充满诗意的名字里，真切地饱含着河姆渡人关于风平浪静、岁月静好的经久梦想；而那羊乳般洁白、凝脂般细腻的宁波汤圆，包容着河姆渡人驯服野生水稻的艰辛和努力，成为天下人的美味。告别了干栏式建筑，这座繁华的城市，比任何时候都更懂得大海、更接近大海，它以大海为桥梁，走向更开阔的远方。

（郑丽波 丁小雅）

二、千里河西文明路

"无数铃声遥过碛，应驮白练到安西"，张籍在《凉州词》里描写了古时河西走廊商业繁荣的景象。驼铃声声，载着往来的商贾和货物，逐渐走远了。他们脚下这条长长的通道，是一条主要以丝绸为媒介的古代中西文化交流的道路——丝绸之路。

河西走廊东起乌鞘岭，西抵塔里木盆地东缘，东西长约 1000 千米，南侧是祁连山脉，是一片夹在祁连山脉与走廊北山之间的狭长堆积平原。它地处黄河以西，好似一条走廊，因而得名"河西走廊"。

数亿年前，欧亚大陆受印度次大陆板块的撞击而隆起形成青藏高原，祁连山脉在这次撞击中被顶推隆起，于北麓自然形成了一条狭长的"走廊"，也就是今天的河西走廊。喜马拉雅运动时，祁连

山脉继续大幅度隆升，河西走廊接受了大量新生代以来的洪积、冲积物。高耸的青藏高原挡住了大部分水汽，导致西北地区沙漠戈壁广布，许多地区年降水量甚至不足 200 毫米，但南部的祁连山给予了河西走廊丰富的水源。丰沛的山区降水与融雪汇流而下，形成大小近千条河流。石羊河、黑河、疏勒河等三大内陆水系共 50 多条河流，也都源自祁连山脉。其中，祁连山的积雪和冰川融化形成的中国第二大内陆河——黑河水系，滋养润泽了张掖、临泽、高台之间及酒泉一带的大片土地，让张掖、武威地区成为河西的重要农业区，留下"金张掖，银武威"的美名。河水自祁连山脉蜿蜒而下，在黄沙戈壁里孕育出生命，带来绿洲和草原，它们像一颗颗明珠点缀在河西走廊上，集点成线，成为带状的绿洲，串连起一条贯穿东西的通道，为人们居住、交通提供了便利。

　　河西走廊东邻黄土高原，西接塔里木盆地，南面是青藏高原，北面是蒙古高原，是四方的交通枢纽，也是中国四大地理单元的过渡地带。东西南北的文化天然就有差异，千里沃野的中原，高寒干燥的青藏地区，天高地阔的西北地区，不同的地理单元有不同的文化样貌，当它们汇聚一处时，文化自然地发生交流、碰撞、融合，身处过渡地带的河西走廊自觉承担起桥梁作用。它广纳来客，具有特色的牲畜、瓜果，先进的生产技术和经史典籍，来者不拒。魏晋时期，久居中原的门阀贵族为了躲避战乱，来到河西这片远离纷争的"桃源"，扎根西北，成了当地大姓，史称"河西望族"，给河西文化交流史添了重重一笔。

事实上，河西走廊得天独厚的条件也并非全部依靠天成，与历朝历代人的保护与建设也有着极大的关系。汉武帝时期，河西设立了郡县，进行大规模的土地开发，迁移人口，变荒漠为农田，改变了河西地区以往社会经济落后于中原的处境。原生植被变农作物，绿洲变田畴，各族同胞积极地改造河西走廊，将它打造成了一个更加适合耕种、交流、生活的环境。

　　从汉武帝开始，河西走廊正式归入中原王朝的版图，通往西方世界的大门打开，并逐步设立了阳关、玉门关等关隘，对人员进出进行管理，还提供商贸、生活的便利。人们的目光穿过这处西北走廊，能看到更远的西域、中亚、西亚，乃至罗马帝国。一幅宏大的世界图卷缓缓展开，驼铃声和来自域外的奇妙语言像涓涓流水，经丝绸之路涌入河西，音乐、绘画、雕塑等艺术纷至沓来……这里是一条中原地区通向西亚、中亚的必经之路，域外的文明如果要进入中原，也注定要经过此地。处于经济、文化周转中心的河西走廊，理所应当地成为民族文化交流的汇聚场所。

　　当时，行走在丝绸之路上的人，有使节、商贾、将士，也有迁徙的民众、心怀信仰的传教士，他们带来了不同的信仰，加速了各地文化的交流。祆教、摩尼教、景教、伊斯兰教，还有影响更为深

甘肃敦煌阳关烽燧遗址（汉）/ 敦煌市阳关博物馆供图

远的佛教，都经河西走廊汇进中原。以佛教东传为例，佛教文化与石窟艺术就是沿着这条沟通东西方文明的古路走向东方，走入中原。据不完全统计，河西走廊及甘肃其他地区现存石窟数量超过170处，河西走廊也因此被称为"丝路石窟走廊"。

我国著名的四大石窟，包括云冈石窟、龙门石窟、敦煌莫高窟和麦积山石窟，代表了佛教艺术传入中国的不同阶段。河西走廊作为东西文明的交汇点，更是融合了中华文明艺术、古印度佛教艺术及古希腊造像艺术，三者都体现在佛教塑像及壁画之中。可以说，没有河西走廊，我们今天就很难再看到文明交流后产生的本土化石窟艺术珍品。

莫高窟与麦积山石窟作为开凿年代最早的两处石窟，就坐落在河西走廊，见证了佛教石窟艺术沿丝绸之路向东传入的过程。云冈

甘肃敦煌市阳关博物馆张骞雕像／敦煌市阳关博物馆供图

石窟和龙门石窟开凿年代较晚,地处中原,是佛教传入中国本土化进程的开始、完成两个重要的节点。四大石窟成为佛教东传的路标,一路播撒佛教文明的种子。

不管是哪种文化,不论是东传还是西行,都会在河西走廊驻足,然后汇入这片多民族多文化激荡的汪洋,留下独具特色的印记。学者季羡林评价:"世界上历史悠久、地域广阔、自成体系、影响深远的文化体系只有四个——中国、印度、希腊、伊斯兰,再没有第五个。而这四个文化体系汇流的地方只有一个,就是中国的河西走廊敦煌和新疆地区,再没有第二个了。"

河西走廊能成为东西南北交通的枢纽、民族文化交流的汇聚场所,都得益于它的地理环境。在周围环境相对恶劣的情况下,河西

世界文化遗产玉门关景区

走廊这条带状的绿洲为人们提供了良好的生活和交往的空间。此外，不同的地理单元在此交互，带来文化上的交替与过渡，而在过渡地带，桥梁作用与屏蔽作用通常会同时发生，为河西走廊成为丝绸之路上的黄金通道、东西方文明活跃中转的节点提供了条件。如今，"无数铃声遥过碛"的场景虽然已不能再现，但河西走廊仍然作为重要的地理空间和文化单元屹立西北，不论从文化交流还是从保护开发的角度看，它都见证了人与人、人与自然的积极互动。陆上丝绸之路的再次兴起更是让这里的政治、商贸和文化交流变得活跃。河西走廊，作为西北的动脉，正再次成为我们发展的重要节点。

（陈嘉琦　郑剑　郑丽波）

世界文化遗产玉门关景区

三、神秘的石头

公元 1251 年，登上蒙古汗位的蒙哥决心继承先辈遗志，征伐出一个横跨欧亚大陆的蒙古帝国。他亲率远征军，北至贝加尔湖畔，西临非洲东海岸，横扫千军如卷席。对于曾经一同联手灭金的盟友南宋，蒙哥更是"欲除之而后快"。

1258 年，蒙哥率十万骑兵从川西向川东进发，一路过关斩将。直至 1259 年兵临钓鱼城下。殊不料，各种策略和攻势用尽，可这座不足 2.5 平方千米的小城依然纹丝不动。长达 6 个月的苦战，让蒙哥迫切需要结束战斗。为鼓舞士气，他亲自登上高楼，擂鼓助威，蒙军士气大振。这时红霞满天，一块神秘的石头不知从何处飞出，妥妥地砸中擂鼓之人。蒙哥倒地身亡，蒙军退师北还。

"天降飞石"这一古老的传说，让小小的钓鱼城蒙上了传奇的

钓鱼城遗址 / 张红波供图

色彩。然而，"天降飞石"这个偶然事件却离不开钓鱼城独一无二的地质条件。

钓鱼城位于重庆市合川区，得名于钓鱼山，依山而建，地处涪江、渠江、嘉陵江三江交汇处，坐落在三江合流后嘉陵江的第一个S形拐弯处，占地2.5平方千米，海拔391.22米。这里三江环绕，仅东侧与陆地相连，巨大的钳形江流，构成了一道长约20千米、江石峥嵘、水情险恶的天堑。

钓鱼城四周峭壁林立，组成钓鱼山的岩石为三叠纪沙溪庙组陆相红色碎屑岩，为一套巨厚的砂岩。砂岩在沉积成岩的过程中，经过了流水的筛选，碎屑粒径均匀，质地均匀，岩石完整，岩性坚硬，不易风化。一方面使得钓鱼山山势突兀高耸，为这个小城平添了"倚天拔地，雄恃一方"的险峻之势，另一方面为筑造坚固的城墙提供了石材来源，就地取材的岩石发挥了空前的作用，砂岩垒起的钓鱼城城墙固若金汤。

重庆知府彭大雅深知如何发挥钓鱼城的地貌、地质优势，沿着悬崖峭壁修筑城墙，构筑山城防御体系，因地制宜把它打造成了易

钓鱼城遗址／张红波供图

守难攻、不可多得的兵家雄关，让这座小小的钓鱼城在蒙军来袭之际显现出"一夫当关，万夫莫开"之势。城内数千人对抗 10 万蒙古骑兵 36 年之久，直至南宋灭亡，钓鱼城依然自给自足地守着自己的桃花源。

坚硬的砂岩，还是冷兵器时代抛石机子弹的重要来源。《旧唐书·东夷·高丽传》记载："高丽闻我有抛车，飞三百斤石于一里之外者，甚惧之，乃于城上积木为战楼以拒飞石。"宋代《武经总要》记载："凡炮，军中利器也，攻守师行皆用之。"钓鱼城的砂岩，成了抛石机的弹药仓库。如此看来，钓鱼城中世代相传"蒙哥中飞矢而亡"的传说，不再是玄幻的"天降飞石"偶然事件，那充满神秘色彩的石头，是千千万万枚石弹中的一枚。

砂岩坚硬，正如钓鱼城里刚毅不屈的守将，铮铮铁骨，誓死捍城。王翊、徐玠、王坚等守臣早已化作朽骨，而"与城同在"的誓言裹着历史的余韵暌隔万里，犹在耳畔；他们的坚韧品格早已镶嵌进岩石的鳞隙，撵着历史的车轮滚滚向前。以至所向披靡的蒙古骑兵，也一改屠城的作风，对这座川蜀之地的坚固屏障致以深深的敬意，他们被小城的军民深深折服，将其称为"蜀中锁钥"。

　　蒙哥逝世，蒙军为争夺汗位被迫撤军北还，这不但延续了南宋的寿命，还缓和了整个欧亚战局，世界历史因此改写。因此，史学家把钓鱼城称作"东方麦加城""上帝折鞭处"。神秘的石头依旧神秘，不是因为玄幻，而是感动于钓鱼城神秘地使自然与人力相呼应，抵抗了"十倍之师"的蒙军，敬畏于一座小小的城池间接改变了世界文明的格局。

（杨雨菲）

四、温州建城的古老智慧

温州，地处浙江省的东南部，位于中国黄金海岸线中段。它是我国山水诗的发祥地之一，也是被誉为"百戏之祖"的南戏的故乡，经济发达，文化底蕴深厚，养育了数学家苏步青等一大批名人。

这座充满生机与活力的现代滨海山水城市，自建城以来，就如沐春风般，在山水中不断发展。而其背后，是一个贯彻千年的城市规划。

温州古城原是河网密布，舟楫相随，小桥流水，垂柳依依，是名副其实的水乡。只是随着温州城市化的快速推进，昔日古城的面貌换了新颜，原来的水系都变成了今日车水马龙的大马路。

据记载，温州古城由中国风水第一人郭璞规划设计。他依据天上北斗七星的位置，定下斗城的格局。因此，温州有"山如北斗，城似锁""水如棋局分街陌，山似屏帏绕画楼"之说，也被称为"山水斗城"。可以说，温州古城选址充分利用山水自然元素，是研究我国古代城市地质调查与城市规划的经典案例。

那么，温州古城怎么选址？那时城市如何规划？古代怎么开展城市地质调查？温州古城址地质历史上又是如何演化的呢？

东晋太宁元年（公元 323 年），永嘉郡（现温州）决定修建郡城，凑巧中国堪舆学鼻祖郭璞先生从山西避乱南下，客居永嘉郡。地方官员邀请他为郡城选址规划。

郭璞先生首先确定在瓯江南岸建城。之后，他登上西郭山（现称郭公山），通眺地形。但见诸山环列，好似北斗星座，依山控海，形势险要，是建造郡城的宝地。其中华盖山、松台山、海坛山和西郭山形如"斗魁"，积谷山、巽山和仁王山形成"斗柄"。因此选择在积谷山、华盖山、松台山、海坛山和西郭山诸山合围处建城。在诸山合围处建城，可充分利用山和水两种自然元素，既使城内河网密布，又坐拥江河入海口以通港所用，并包含了充分的城市发展用地。

　　彼时城中这些内河与瓯江相通，没有陡门，河网里的水全是咸水，且平原区的孔隙潜水水量小，有泥味，并有点咸。为了解决城里百姓的饮水问题，根据郭先生的建议，按照天上"二十八星宿"相应位置，用最原始的方法尝水鉴别，选择在山脚下凿了二十八口井，对应天上"二十八星宿"的位置。由于山脚位置赋存的地下水为基岩裂隙水，水质优良，解决了城内人民的用水问题。另外，还在城内开凿五个水潭，各潭与河通，考虑到如果发生战争，城池被包围，在断水的情况下，城内五水足以应付。此"二十八宿井"分别为：八角井、白鹿庵井、横井（天宿井）、积谷山冽泉、积谷山义井、炼丹井、三牌坊古井、铁栏井、屯前街井、仙人井、永宁坊井、奎壁井、解井、双墙井、简讼井、天宁寺古井、海坛山山下井、桂井、三港殿古井、八轮井、府署古井、县前头古井、金沙井、甜井、道署古井、郭公山下岩石井、应仙井、施水寮古井。

　　对温州古城的选址规划，郭璞先生从地理环境出发，充分利用自然山水条件，以方便生产、生活和城防为目的，保证人民安居乐业，综合了"天人合一"的思想与适用、经济的原则。历史虽然过去 1700 多年，随着温州城市化的快速推进，昔日古城的面貌已变化不少，但城市历史风貌犹存，显示出古老规划的前瞻性和可持续性。古城规划还具有交通、运输、排水、蓄洪、调洪等防卫功能，史料记载，温州城区没发生过大的洪灾，历史上多次外敌想入侵温州城也都没有成功。温州古城选址充分遵循了科学思想，是我国古代人居与生态环境和谐统一的堪舆佳作。

如果说温州城的变迁算是今生的话，那么更加远古的温州山水斗城又是怎么形成的呢？

从地质学角度看，斗城的演化大致经历三个阶段：一是中生代白垩纪东南沿海强烈的火山喷发，在温州及周边发育巨厚的陆相火山碎屑岩堆积，堆积厚度超过 1600 米。此时火山连着火山，争相喷涌，场面恢宏，堆积形成了斗的物质基础。二是新生代第三纪地质构造运动和风化剥蚀形成了斗的骨架。在温州城东侧深部温州—镇海大断裂的持续活动，把温州连绵的火山切割成似连非连的孤山，形成了市区一带的构造剥蚀山脉，最终形成了环绕郭公山、海坛山、华盖山、积谷山、松台山等突起山峰，这就是原始的斗的形态。三是第四纪的三次海侵，汹涌的波涛淹没了斗城，沉积了海相软土，海侵沉积的平坦土地与河网构成了斗底。自第四纪早期（距今约 200 万年），水流作用活跃，瓯江雏形逐渐形成，带来了砂卵砾石堆积物。随着气候逐渐变暖，雨量充沛，瓯江继续发展，沉积物持续堆积，平原区表层逐渐固结成硬壳层，成为人类适宜生活生产的土地。

纵观温州城的地质历史和城市发展史，古人朴素的天地人和观念，蕴含着充满智慧的科学价值。七星所对应的七座山，给了温州古城坚固的地层基础支撑，总揽了第四纪形成的广阔平原腹地上的沃野良田，既便于出海又能稼穑。天时地利，给予了温州人温暖的家园，同时，面朝大海、江河通衢的优势，也给予温州人一个开放的视野，造就了他们"敢为天下先"的胸怀和气魄。

正是古城的科学规划，温州在建城千年之后日益繁荣，人文荟萃，经济发展，独领风骚。特别是改革开放以来，温州因其巨大的经济成就成为我国改革与发展的一个典型。正像瓯江滚滚奔向大海，未来的温州必将创造更多的神奇和美好。

（傅正园）

五、溇港的前世与今生

如果乘飞机飞临太湖，当你俯视太湖，将视线移向湖南岸，会注意到在湖南岸有一条条水道，如梳子般整齐地在岸边排开，密密的"梳齿"自太湖向内陆延伸。组成这独特景观的，是一个古老神秘而庞大复杂的水利工程系统，名字叫"溇港"。

溇港鸟瞰

地处太湖南岸的湖州，是太湖溇港发端。湖州，得名于太湖，其富庶则得益于溇港。"一万里束水成溇，两千年绣田成圩"，溇港圩田是太湖流域特有的水利和土地利用工程，它在曾经荒凉的太湖滩涂上，孕育了中国最大的粮仓和最负盛名的丝绸之乡。而溇港，也见证了两千多年来太湖流域的治水史和农业发展史，成为灿烂的吴越文化的一部分。

想认识溇港，要从它的地质渊源说起。

在距今 2.5 亿年至 2.2 亿年间，地壳发生大规模的造山运动，浩瀚的海洋抬升为陆地，这一过程奠定了溇港地区坚硬的"基座"。当地质历史演化到距今 1.5 亿年至 0.6 亿年间，全球爆发了强烈的火山喷发活动。湖州所在的华南大陆，发生了地质史上最为壮观的火山活动，溇港区域地壳发生断块运动而沉降为大陆盆地，并沉积了厚达数千米的岩石。距今约 6500 万年以来，湖州所在的东南沿海地区，发生了西升东降的差异性升降活动，造成西南部高、东北部低的地势。湖州－德清一线以西进一步抬升，以东杭嘉湖地区再

次下降，太湖及南岸的溇港陆盆再次降至海平面以下，沉积了厚几十米至百余米的岩石碎屑泥砂，构成溇港"硬座"上的"软垫"层。至距今约 4000 年，溇港区域又经历了 5 次海侵，最终成陆出露，形成了冲积平原基本布局。

西高东低的地貌特点，决定了太湖流域水系构架：太湖流域水系以太湖为中心，分为上游水系和下游水系两部分。上游来水主要有南源——来自浙西天目山的苕溪水系和西源——来自宜溧山脉的荆溪水系，两者都具有源短流急的山溪型河流的水文特性。太湖下游古代有三江泄水：吴淞江、东江和娄江，分别从东北、东和东南注入江海。由于太湖地区的地质构造沉降作用，太湖湖水呈日益加深之势，原本宣泄太湖水入海的三江系统也由于海潮倒灌、泥沙大量在河口堆积等因素，而逐渐淤浅，堵塞了太湖水入海的去路，造成太湖水时常泛滥，太湖中部平原变成了积水区域。其后随着娄江、东江相继淤塞，太湖平原上出现了湖泊广布的局面，平原逐渐沼泽化。

在湖州—南浔一线，分布着一条地质历史时期曾经存在的东西

漤港圩田

向断裂带（也称湖州—嘉兴大断裂），它造成的下陷地貌，使这一带成为太湖南岸平原区的低洼中心。来自西南部丘陵山区的山溪来水都汇集于此，造成这里湖沼遍布，河港纵横，集水量特别大，由此构成了太湖南岸水高田低的特殊地势。

地下水位高，农田则最易受涝，在这样的特定条件下，必须有相应的水利建设和排灌设施，才能保证农作物的丰收。古代太湖流域的劳动人民针对这一特点，在苕溪的尾闾，运用"横塘纵溇"的独特措施，急流缓受，既充分利用水利资源，又消除了旱涝灾害，将原先的泥沼变成一片沃土。"塘"即为东西走向延伸较长的横塘，"溇"即为分泄水流入太湖的纵向小渠，也称"港"或"浦"。

春秋战国时期，湖州先民在城东昆山漾湿地上，开挖了第一条南北向的"昆山大沟"，这是世界上最早的溇港。考古发现，这条人工大沟宽约15米，深3.8米，开挖于软流质淤泥中。在这项工程中，先民发明了具有固壁、防塌、利渗、保土等四大功能的"竹木透水围篱"支护技术。这项技术为软流质淤泥地区开沟解决了固壁支护的难题，也为世界湿地疏干排水技术史增添了浓墨重彩的一笔。"昆山大沟"的修筑，开了在太湖南岸湿地之上疏干排水、垒塘开溇、圩田筑堤的先河。

现今保存最为完整的吴兴溇港，大致肇始于晋永和年间，吴兴太守殷康在此修筑了最早的一条塘路——"荻塘"。当时，荻塘以北还是宽窄不等的湖滩地，因而荻塘的修筑需要同时开挖溇港排水。荻塘修筑后，经过唐、五代吴越时期的不断疏治和发展，逐步形成了较完整的溇港系统。荻塘的修筑是吴兴历史上的一个重大事件，因其与京杭大运河相接，成功地将治理太湖、防洪、航运、灌溉、排水等诸多功能有机地整合在一起，堪称我国历史上罕见的综合性水利工程。

"田成于圩内，水行于圩外"，在"横塘纵溇"的水网系统下，获塘至太湖间的滩涂芦丛之地，逐步开发为肥沃良田，并逐步发展成为"溇港圩田系统"。这种水利格局通过筑塘处理低洼平原区中

大溇

幻溇

的水流，并将溇港设计为北向太湖的排水断面，理顺了山脉、湿地、湖泊之间的水流关系，这为太湖南岸的低洼平原提供了良好的水流环境，也为后期的农业开发提供了基础条件。在发展过程中，溇港圩田还衍生了循环经济、生态农业的典范，即"桑基圩田"和"桑基鱼塘"，　不仅粮食稳产高产，而且具有高效农业、集约农业、精细农业、特色农业的特征。因此，太湖南岸成为中国最富庶的粮食和丝绸产区之一，成为中国的"天下粮仓"。

进入 21 世纪，溇港依然在发挥着作用，日夜保护着万顷良田和水乡人的温馨家园。所不同的是，当年的手动老闸门，改造成了现代化的水利设施；古老的石桥，除了连接水道两岸交通，也成了水乡的历史记录和一道现实的风景。纵溇横塘的农田水利系统，与它参与缔造的湖州水文化、稻作文化、渔文化、丝绸文化融为一体，构成了蕴含循环经济理念的良性生态循环系统，展示着水乡人民尊崇自然、和谐发展的美好情怀和不懈努力。

（张建林 吕赟珊）

　　脱胎于泥的青瓷，温润地装饰了人们的生活；人工开凿的长屿石硐，被巧手打造成一座与自然共融的迷宫；百废待兴的矾都，在矾山人的责任与担当中，焕发新生；梅山，原本的荒山岛屿，摇身一变，崛起为一座海上新城；白雁坑这只地质文化村的"领头雁"，也翩翩飞来，开启了乡村建设的新篇章。坚实的大地之上，我们拥抱绿水青山的美好未来。

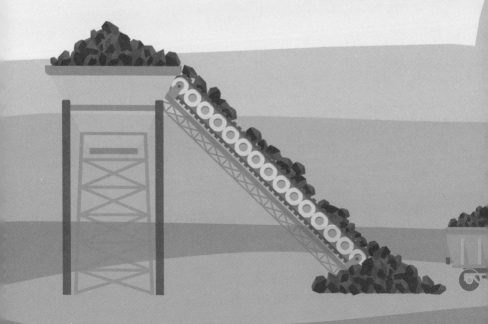

始于脚下的远方

一、龙泉青瓷

龙泉青瓷，因其主要产自浙江省龙泉市而得名。它瓷质细腻，温润如玉，清新自然，有"青如玉、明如镜、声如磬"的美誉。

陈坛根青瓷作品

龙泉市坐落在浙江西南部，与福建省接壤，在历史上以出产青瓷而著称。龙泉青瓷窑也是中国陶瓷史上烧制年代最长、窑址分布最广、生产规模和外销范围最大的青瓷名窑，它出产的青瓷常作为我国重要的瓷器，随商贸和文化交流，蜚声中外。

青瓷是以含铁化合物为着

色剂的高温颜色釉品种。作为我国最早的颜色釉瓷器，原始青瓷大约在商周时期出现，以青绿色为主。经过长期实践，人们逐步探索出瓷器烧制的几个条件：制瓷的原料须是富含石英和绢云母等矿物质的瓷石、瓷土或高岭土，达到一定的烧成温度，且在器表施有高温下烧成的釉面。东汉末年的青瓷已基本满足了这几个条件，瓷器生产迈入一个新时代，此时的青瓷在烧制技术和实用性、观赏性上已有长足的进步，不仅胎质结合紧密，而且经久耐用。到了宋代，地处南方的浙江龙泉青瓷窑兴起，首创了粉青釉和梅子青釉，颜色与光泽浑然如玉，制瓷技巧登峰造极，在我国瓷器史上留下了光辉的一页，龙泉也成为当时全国著名的瓷业中心。今天，龙泉青瓷仍然在国际上享有很高的声誉，常常被作为国礼赠送给国际友人。

提到龙泉青瓷，不得不提哥窑和弟窑。其中，龙泉哥窑和著名的官、汝、定、钧窑一起并称宋代五大名窑。相传北宋年间，浙江龙泉地区有一对兄弟，哥哥名叫章生一，弟弟名叫章生二，兄弟两人都以烧窑为业。哥哥有一手高明的烧窑手法，招来了弟弟的不满。一天，弟弟趁哥哥不注意，提前打开了还在冷却的瓷窑的窑门。由

叶小春青瓷作品

于受到强烈的冷热交替作用，瓷器釉上遍布裂纹：有的像游动的鱼儿，有的张牙舞爪像蟹脚，纹路各有特色。这一批有裂纹的青釉瓷让大家都产生了浓厚的兴趣，很快就被一抢而空，龙泉哥窑就此闻名天下。

这个故事是否真实，已不能考证。但是它说明了两种烧制方法不同的龙泉青瓷：哥窑，是釉面开片的黑胎青瓷，釉层饱满、紫口铁足，极具典雅古朴的气质，有古朴的瓷裂纹，如冰裂纹、蟹爪纹、流水纹等；弟窑，或称龙泉窑，是一种光滑无纹的白胎或朱砂胎青瓷，釉层丰润、温润如玉，以细腻流畅的青釉闻名天下，有梅子青、粉青、豆青等不同釉色，被誉为"青瓷之花"，动人而美好。

要了解龙泉青瓷为何兴盛，首先需要了解龙泉当地优越的烧窑条件。青瓷最早发源于浙江省，这与浙江地区丰富的瓷土等矿藏资源有关。具体到龙泉，龙泉境内崇山峻岭，植被茂密，有充足的燃料和瓷土资源，已经发现的瓷

夏侯文青瓷作品

土矿产地有 50 多处。瓷土矿埋藏较浅，开采成本相对低廉，利于龙泉发展瓷业。此外，这里也是瓯江的源头，坐享便捷的水路交通，货物往来十分便利。

除了丰富的瓷土矿藏和地理优势，龙泉青瓷的传统烧制技艺也藏有奥秘。青瓷制作的几个重要环节是胎料制作、成型、修坯、上釉、烧制。从胎料的瓷土和釉料来说，瓷土原料中含有大量的石英

徐朝兴青瓷作品

和一定量的高岭石、绢云母等矿物，能帮助坯料塑形、成型。而龙泉瓷区别于其他瓷的地方，在于有一味独特的天然原料——紫金土。它是一种含铁量较高的黏土，掺在龙泉瓷的坯料、釉料中，可以作为胎釉的着色原料。在龙泉青瓷烧制釉色时，加入紫金土可以降低胎的白度，衬托釉的成色，使釉色更深沉，呈现出月白、粉青、梅子青等瑰丽的色泽。这种瓷土和釉料的恰当配比往往历经数百次试验才能确定，需要丰富的经验和高超的技巧。烧制技艺里的厚釉装饰、烧成技术的难度也不小。

近年来，龙泉的青瓷行业在政府助力下快速发展，新一代的青瓷艺人与企业在龙泉青瓷的创新与发展上进行积极的探索。既有濒临失传的青瓷制作传统工艺复原，如哥窑珍品"冰裂纹"的烧制成功，也承接了现代的发展，一大批制瓷工匠的作品表现出强烈的艺术个性，运用了许多新兴的艺术元素，一面继承和仿古，一面研究出紫铜色釉、高温黑色釉、虎斑色釉、乌金釉等新类型。龙泉青瓷由民间流通的日常生活用品一跃成为工艺美术品，成为新时代的名瓷，其背后是一批潜心创造的龙泉人，他们不断续写着造青的传奇。"天下龙泉"，不仅仅指龙泉青瓷向外辐射，在海内外市场的风行，也代表着世界对龙泉青瓷的文化认可。如今，龙泉站在新的历史节点上，举办了世界青瓷大会，广纳四海来客，让龙泉"非遗"和古代"海上丝绸之路"始发地的名号更响亮。

（陈嘉琦 郑丽波 郑剑）

二、矾山又绿

温州市苍南县矾山镇，一个曾因矾矿开采、加工而导致生态恶化的山区小镇，如今却凭借着优美环境、矿业文化以及人文景观，而成为网红打卡地。

矾山镇经历了怎样的蜕变呢？

矾山镇探明的明矾矿石储量占全球 60%，被称为"世界矾都"。据传，南宋末年，有位叫秦福的四川难民，来到苍南苦竹村寻找生计，偶然发现了此地有一种能够净水的透明珠子，从此揭开了温州矾矿的面纱。

此后的 600 多年来，一代代矿工来到这里安营扎寨，还有无以计数的商人往来于苦竹村与大山之外的世界。蕴藏在这片土地下的

明矾 / 傅正园摄

矾矿石被采出，经煅烧冶炼、溶化析出、沉淀结晶，晶莹剔透的明矾产品被冠以红矾、明珠、明星等各种美丽的名字，销往全国、全世界。矾矿的开采为历代王朝和商人们带来了巨额收益，也给予当地百姓生活的寄托。苦竹村因此改名为福德湾，并发展成为矾山镇。

但是，当明矾从矿石中脱胎而出，废气、废渣、废水、地下采空区却同步出现。炼矾高炉的白烟，似条条白龙，徘徊在矾山的上空，百年不去。植被破坏、水源污染等问题，构成诸多灾害隐患。

历史翻到了 20 世纪 80 年代，矾山人开始思索矿山与环境之间

的关系问题。从那时开始，他们下决心克服资金压力大、历史积累

问题多、情况特别复杂等重重困难，对"三废"进行治理，并开展

采空区调查。他们先后建立矾烟回收系统、井下水循环系统和清污

矾矿开采后 / 傅正园摄

矾矿冶炼工场 / 傅正园摄

分流系统等，实行废水闭路循环利用、废气高空湿式喷淋排放；建立了化工厂，开展矿产资源的综合利用。2004年后，矾矿区采用鸡笼山矾砂堆放场的矾渣回填废弃采空区，既减少了废渣堆放量，又有效减缓了采空区管理的压力。对地面塌陷和地质灾害隐患进行治理，开展地面生态修复，各种污染也得到有效控制。

近年来，矾山人进一步加大环境整治力度。大力投资人工造林，新种植的近千亩油茶、茶叶、果木、碳汇林、竹柳等树木丰富了矾山的林相资源。矾山以往常见的植被稀疏的"秃头山"形象，被替换成了郁郁葱葱的新景色，整体面貌焕然一新。

新绿掩映福德湾 / 蔡祖喜摄

在治理和恢复生态环境的同时，矾山人以独特的眼光审视这座矿山所拥有的资源。除了矾矿，几百年间形成的矿硐无疑是个特别的存在。矿硐历史可追溯到矾山溪旁挖掘"黄土头""烧火龙"等最原始的开采时期，历经明清时期和民国阶段，矾山四周矿硐遍布。但这里的明矾矿石结构致密，属于坚硬岩体；矿体上下的顶底板围岩为凝灰岩等，也属于坚硬岩体或较坚硬岩体。无论矿体还是岩体，两者的岩石强度均高，内部结构完整性好，耐风化，工程力学性质相当稳定，因此矾山的许多矿硐至今保存良好。硐与硐相连，犹如一座"地下迷宫"。其中"南洋312平硐"硐厅能容纳700多人，内有排列规整的砖砌石凳和讲台，曾长期被当作会议厅和看电影的公共场所，如今它已经成为矾山宝贵的历史文化资源，使矾山一跃成为省级文物保护单位。

另外，几百年持续的开采活动，使矾山形成了自己独特的开采、选矿和冶炼提纯技术。采矿技术从最原始的"火烧采石法"到"手工凿岩黑药爆破法"，再到"机械凿岩炸药爆破法"；从简单挖掘地表矿到开掘巷道、井下土法采矿，再到科学设计、规范布局、有序开采。明矾冶炼相应地从过去最简单的"土法烧矾""水浸法"加工工艺，到根据化学工业原理建立了现代加工流程。这些历经流变的过程，以遗迹或者现行生产线的方式记录在矾山的地下或地上。矾山也成为明矾矿产利用古代技术的"活化石"、现代工艺现场版的"教科书"。凭借技术优势，大批矾山人如今活跃在全国各地，承担冶金、煤炭、水电、矿井等工程，苍南县因此获得"中国矿山井巷业之乡"的称号。

福德湾矿工村夜景／张廷群摄

整治后山清水秀的矾山 / 傅正园摄

与矿业活动相关的风俗传统、矿工住宅、特色街巷等，与矿山遗迹相呼应，组成一个独具魅力的整体。工业遗迹、矿业技术、乡土文化，这是矾山另一种新的资源。福德湾村先后被评为首批中国传统村落和第六批中国历史文化名村、浙江省不可移动文物保护利用优秀案例，获得"联合国教科文组织2016年度亚太地区文化遗产保护奖"，并成功创建了国家矿山地质公园。

就矾矿资源而言，矾山已经垂垂老矣，但矾山又是新生的。"绿水青山就是金山银山"，矾山新生的矿，是成长于我们内心的文化、

福德湾老街街景 / 袁航摄

观念和信仰，以及由此带来的美好生活；矾山现在拥有的，是一座

可以持续开采的富矿。

（郑丽波 丁小雅 郑剑）

三、潮涌梅山再出发

2013 年 9 月和 10 月，习近平总书记在出访中亚和东南亚国家期间，先后提出共建"一带一路"的重大倡议。这让"海上丝绸之路"这条古老的道路，重新出现在世人面前，而宁波梅山岛，正是这条道路的起点之一。

梅山岛位于东海之滨，地处中国大陆海岸线中部东端，面积约38 平方千米。历史上，这是一个"九丛荒山岛屿星罗棋布"的地方，宋朝称之为"盐卤之地滨海孤绝处"。至明代方有先民活动，那时这里燃烽火、建炮台，是抵御倭寇的前沿阵地。清朝逐渐开始有居

梅山鸟瞰

民、村落，人们围海造堤，东西岛屿合二为一始成梅山岛。2008年2月24日，宁波梅山保税港区成立，成为继上海洋山、天津东疆、大连大窑湾、海南洋浦之后我国第五个保税港区，也是浙江省唯一的保税港区。

由"盐卤之地滨海孤绝处"成长为全国第五、浙江唯一的保税港区，梅山究竟经历了哪些沧海桑田的变化，又有着怎样的前世今生呢？

梅山的故事，始于恐龙统治地球的早白垩世时期（距今约1.45亿年）。受古太平洋板块向欧亚板块俯冲的影响，中国东部发生了剧烈的岩浆活动，梅山区域内广泛分布的下白垩统火山岩地层，记录了那段波澜壮阔的历史。

晚白垩世（距今约8500万年）以来，岩浆活动逐渐停歇，区内全面隆起剥蚀，形成了梅山岛的雏形。发生在渐新世（距今3200万—2100万年）和中、上新世（距今1000万—240万年）的两个期次的玄武质岩浆活动，引起地壳抬升，进一步塑造了梅山区域的地形地貌。

进入第四纪（距今约 260 万年）以后，全球古气候多次冷干与温湿交替变化，引发海陆巨变。钻孔资料显示，在构造运动和气候条件等多重因素作用下，梅山区域遭受 4 次海侵海退，沉积了厚达百余米的海相、河湖相产物，形成滨海平原。

第一次海侵发生在晚更新世早期（距今 20 万年左右），规模较小，古气候由温凉转为温暖湿润。海退发生在距今约 12 万年前，形成了以亚黏土为主的河湖相地层。

第二次海侵发生在晚更新世中期（距今约 5 万年），规模较大。全球气候转入温暖潮湿，海面大幅上升，沉积物中常见有孔虫类、介形虫类，以及较多的滨海盐生藜科花粉。海退发生在晚更新世晚期（距今约 2.5 万年），全球处于末次冰期阶段，海面大幅下降，比现今低 160 米，海岸线位于如今的钓鱼岛一带。

第三次海侵发生在全新世早期（距今 1.17 万—0.82 万年），全球气候迅速变暖，海面再度回升，高出今天海面 2 米，梅山地区处于滨海—浅海沉积环境。

第四次海侵在距今 2500 年前后，当时海面比现今高出约 2.5 米，滨海沼泽成为潮间带环境。梅山岛也在此时与宁绍平原分离，变成了一个独立的海岛。

梅山岛独特的地质条件，形成了构造侵蚀断块低山、侵蚀剥蚀丘陵、堆积斜地以及海积平原、人工围垦区等地貌。岛内最具特色的地质资源是黄金海岸和滩涂资源，深水岸线资源丰富。梅山岛三面被舟山群岛环绕，南东面为佛渡水道，受洋流与海潮侵蚀，形成许多水下沟谷，为潮流槽系地貌，由于通道狭窄，潮流流速快，泥沙难以淤积，造就了水深流顺的天然水道；青龙山似一条忠诚剽悍的卧龙，日夜守卫着佛渡水道的门户，与佛渡岛、六横岛等共同抵

梅山夕照

御了来自不同方向的海风，造就了依山面海的避风港湾。目前，梅山岛已拥有 10 万吨级以上深水泊位 20 多个，开通国际航线 100 多条，设计吞吐能力超过 2000 万标箱。

梅山岛的人类活动，可以追溯到唐朝初期，之后陆续建盐场，修水塘，海塘逐渐外移，最终形成了现在的岛域。如今的梅山岛，雄踞宁波舟山港的核心区域，集保税港区、国际物流产业集聚区、国际海洋生态科技城于一体，正崛起为一座朝气蓬勃的海上新城。也是因为当地独特的地质条件，让梅山岛拥有了良好的区域位置和优越的港航条件，也使得"海上丝绸之路"再一次从这里扬帆起航，带着中国梦，走出亚洲，走向世界！

（郑剑　郑丽波）

四、长屿硐天——别有"硐"天的采石遗址

　　长屿硐天位于浙江东南沿海的温岭市长屿镇，坐落在"石板之乡"长屿镇内，是一座硐硐相叠、回环曲折的"石头迷宫"。它的地势西高东低，自西向东倾斜伸入东海，与海相接，仿佛海上的一座狭长岛屿，所以得名"长屿"。

长屿硐天全景 / 朱立新供图

"屿"和"硐"，都和石头联系紧密，"硐"有山洞、窑洞或矿坑的含义，故而长屿硐天其实是一处由人工采石形成的坑穴景观。这也是它的惊人之处：长屿硐天并非天然洞穴，而是由采石工人们历经千百年，一钎一锤凿取上亿立方米的石材形成的，共留下1314个形态各异的硐窟，"虽由人作，宛若天成"，是世界上规模最大的人工石硐。

人类文明诞生时，石质工具的制作与使用已然开始。采石就是制作石质工具的第一步。长屿硐天的采石活动，自南北朝发展至今，在空间与时间上都留下不可磨灭的痕迹，早已成为采石文化的一部分。

明代采坑遗址 / 朱立新供图

采石工人们只在山的表面开了一道道小口子，就从山腹中取出了上亿吨的石料，而山腹内依势采石形成的各处石硐奇景，仅凭石与石之间的应力作用保持长久的平衡，这样的惊人奇迹不得不令人啧啧称赞。

在观赏长屿石硐的景观之余，也许你会有疑问：这些独具特色的石硐都是怎样形成的？又是怎样与采石文化产生联系的呢？

先来说说采石的主角——石头。长屿硐天开采的石材属于凝灰岩类，即火山碎屑岩类。白垩纪时期，火山持续喷发，碎屑从高空掉落下来，在长屿形成了厚度惊人的凝灰岩。形成岩石后，凝灰岩岩层也没有遭受明显的挤压变形，相对比较完整。凝灰岩硬度适中，为大规模开采提供了便利。采石工人们在长久的开采后，充分认识了凝灰岩的岩石性质，尤其是力学特性。他们开凿出一条条巷道，让人员和材料安全地进出，又留下恰到好处的石柱，与四周的石壁互为支撑，布置出合理的采坑空间。这些石柱和石壁，也就是现代采矿技术上的间柱或矿柱，它们以高低不同的隔断和拱券，巧妙地支撑起层层岩石的重量，并隔出一个个小空间，构成了一座巨大的"迷宫"。

硐天／朱立新供图

长屿石硐的采石方式也值得细说。在采石的过程中，岩石俨然成为采石工人的交流对象，采石愈久，他们对岩石的了解也愈深。采石，在旧时是一项危险性不小的行当，采石工们随时面临岩石崩裂的危险。石窟的坍塌，既是灾祸，也是采石工人观察石头与石头间的整体结构、保证开采安全进行的机会，从某种意义上说，这也是石硐的自我调整和维稳。辨明易失去稳定的石头结构，并在开采中小心地避开它们，便是采石工人在开采硐室时遵循的约定俗成体系。这些知识还会以师徒相传的方式传下去，而学徒也会结合亲身实践修正，任何一个错误都有可能引发坍塌，这种与性命相系的采石传

承，保证了采石技艺的规范性，让长屿硐天在一代代人的开采中岿

然屹立。

开采痕迹／朱立新供图

开采痕迹／朱立新供图

人类的采石活动，其实就像是一种别样的物理风化，以生物角色参与地球物质大循环的整个过程。采石活动改变了地貌，留下石壁、采坑、水塘，或如古钟，或如筒壁，或如森然巨兽……从外看，长屿石硐所在的整座山体植被茂密，还有瀑布飞流直下，就像是一座景色秀丽的大山。而腹里却是幽深曲折、层层叠叠的石硐"迷宫"，规模宏大，还有石梁、硐天、石窟长廊等多种景观，错落有致，以巧劲，抵重负，不露声色地融入原始状貌的大自然中。试想象长屿硐天的所有重量，仅靠石柱与石壁、石与石的相互作用撑起，人工与自然的伟力同时在这里汇集、消解，又最终融合成了一体，多么令

宛若天成的巧妙贯通 / 朱立新供图

人惊叹！

长屿硐天与自然相融，它历经一代代工匠的开采，造就宛如天成的石窟硐群，同时在不经意间丰富了人类的文化，造就了面目一新的自然景观。长屿硐天不仅是一处重要的采石遗址，也是采石文化的重要结晶与见证。

（陈嘉琦 郑剑 郑丽波）

五、白雁坑——地质文化村的领头雁

在锦绣如画的唐诗之路上，沿剡溪溯源，来到近西白山山巅处，有个名叫白雁坑的山村。2018 年 11 月，随着白雁坑村被命名为全国首个"地质文化村"，浙江省嵊州市石璜镇白雁坑村，这个美丽的村庄以崭新的姿态踏上现代舞台。

白雁坑鸟瞰 / 刘凤龙供图

　　白雁坑，一个令人浮想联翩的名字。它地处会稽山脉西白山北坡，平均海拔 600 多米，是浙东为数不多的海拔较高的村庄之一。它的历史可从距今约 3100 万年说起。那时，浙江东部地壳构造进入不稳定期，岩浆活动使当地出现了剧烈的地壳抬升，之后抬升的高地长期受流水切割侵蚀，形成了典型的"V"字型河谷地貌。与此同时，切割形成的陡坡，在重力、风化等地质作用下，不断发生岩体崩塌，巨大的石块从高处崩落，在低处堆积。形态各异的巨石，或集中或散落分布在山坡与沟谷之中，构成巨石阵、象形石，形成独特的地质遗迹资源。

骆驼峰

爱心石

在这片高山之上，有一个奇怪的现象：即便非常干旱的年份，这里也仍然山泉汩汩，山下植被干枯了，而这里仍是郁郁葱葱。这得益于这块区域独特的水文地质条件。良好的储水构造，使降水得以在岩层和土壤中保持，形成良性的水汽循环小环境。正是这个原因，高山之巅形成了湿地，湿地引来了白雁，白雁坑由此得名。在海拔600多米的高山上，形成湖草相伴、白雁成群的景象。

崩塌、风化形成了深厚的土层，加上良好的水文地质条件，使得这里成了植物的天堂。生活在这里的村民，靠山吃山，巧用巨石和湿地，培育了千年香榧林，形成了"石间有榧、榧中有村"的独特景致。

石与香榧林 / 刘远栋供图

但由于地处偏远，交通不便，物美价廉的"通源三宝"——香榧、香茶和竹笋也难以外销，经济一度十分落后，村民只能纷纷外出打工。独特的资源环境如何在保护中被开发，帮助偏远山村的村民摆脱贫困，是亟待解决的问题。

改变的开始，源于建设地质文化特色村设想的提出。为了探索振兴乡村的新道路，省、市、县、乡各级政府部门及相关地勘单位和白雁坑村共同发力，把地质环境保护和美丽乡村建设相结合，从2014年开始，历经3年建设，让地质文化村从理念步入现实。

第一步是从资源调查入手。对白雁坑村方圆2.5平方千米开展地质背景、地质遗迹、农特产品、人文景观等资源调查，查明54处地质遗迹点，对地质遗迹形成与演化进行分析、研究，形成调查评价报告，规划六大功能分区，出台建设设计方案。

第二步是打造地质文化。搜集整理200多篇描写白雁坑的诗文，编制地质文化手册，使游客"有文可读"；摄制科普视频和宣传影片，使游客"有声可听"；建设面积50亩的开放式科普展示区、6个科普长廊、35套解说牌，建成地质科普导览系统，使游客"有物可看"；精心打造农特产品和农家美食，使游客"有品可尝"。

第三步是发动全民参与，实现共建共享。让村民在规划设计中主动出谋划策，在建设过程中积极投工投劳；并引导村民将部分农房发展成民宿示范点，分享获得感、成就感、幸福感，使得地质文化村的建设得到全村人拥护。村民认识到地质文化带来的改变，自发保护地质资源，主动学习地质文化，热爱地质文化，热情地为远道而来的游客担任讲解员。

地质文化村建设，形成了巨大的文化凝聚力。村里的环境好了，名气大了，还获得了全球重要农业文化遗产、全国生态文化村、浙江省美丽宜居示范村等大大小小的荣誉。越来越多的人慕名而来，置身此处，春可闻榧花、夏可听鸟鸣、秋可品仙果、冬可观雪峰，坐拥袅袅炊烟，恍如世外桃源。白雁坑民宿从2014年初的2家，发展到2019年底的20家，有床位250张，并且实现多元化经营，集星空露营、品质居住、文化休闲、健身康养、农事体验于一体，游客数量呈现阶梯式增长。2019年，村民人均收入达到5.2万元，比开展地质文化村建设之前至少翻了一番，"一亩山万元钱"在这里成为生动实践，"绿水青山"真正变成了"金山银山"。

全国第一块地质文化村标志牌

地质文化村已成为新时代地质工作支撑服务乡村振兴的重要载体。白雁坑的经验有 5 个方面的启示：一要强化规划引领，统筹土地、生态、环境等要素，强化国土空间资源综合利用，从起步阶段就要特别注重村庄风貌保护优化，保障村庄建设长远需求；二要牢记建设理念，紧扣"四有四可"建设标准，兼收并蓄，相辅相成，进行体系化打造；三要坚持融合发展，坚持"乡土化用材"和"自组织建设"，发挥群众主体作用，共建共享，避免一边建设一边破坏，实现生态保护与村庄建设相统一；四要注重品牌效应，挖掘村庄特色，丰富地质文化元素，做好"特"的文章，提高吸引力和口碑；五要提升治理能力，以坚强的基层党组织为基础，有正确的立足点、精准的发力点，通过地质文化村建设，让群众得实惠，从内心认可。

乡村因山水而环境优美、生活富裕，山水因乡村而富有生机、富有灵魂，地质文化村建设将乡村、山水、文化等有机结合，保留乡村原有的优势；富了村民，保住了生态，留住了乡愁。白雁坑，作为中国首个地质文化村，已经成为地质工作服务乡村振兴的鲜活案例；它的示范效应也如西白山神奇的高山湿地，其不竭的清泉不仅养育着千年香榧林，还汇入剡溪滋润山川大地。

（程团结）

参考文献

[1] 易德生. 周代南方的"金道锡行"试析：兼论青铜原料集散中心"繁汤"的形成 [J]. 社会科学，2018（1）：146-154.

[2] 马昌仪. 敖包与玛尼堆之象征比较研究 [J]. 黑龙江民族丛刊，1993（3）：106-112.

[3] 刘相雨，朱祥竟.《红楼梦》与中国古代灵石意象 [J]. 阜阳师范学院学报（社会科学版），2003（4）：64-67.

[4] 海波. 河西走廊佛教文化区位特征的形成：以丝绸之路为视阈 [J]. 世界宗教文化，2019（6）：17-23.

[5] 陈耀华，朱镜颖. 世界遗产视角下的长屿硐天石文化景观 [J]. 中国园林，2012，28（7）：13-18.

[6] 孙国平，黄渭金，郑云飞，等. 浙江余姚田螺山新石器时代遗址 2004 年发掘简报 [J]. 文物，2007（11）：4-24，73.

[7] 胡育瑕. 藏区乡土文化景观玛尼石堆形态研究：以藏东地区为

例 [D]. 天津：天津大学，2018.

[8] 钱国权. 清代以来河西走廊水利开发与生态环境变迁研究 [D].
兰州：西北师范大学，2008.

[9] 郑丽波，等. 四明山地质公园古夷平面和地质环境演化项目报
告 [R]. 宁波：浙江省水文地质工程地质大队，2018.

[10] 张岩，齐岩辛，邬祥林，等. 浙江省出露型地质遗迹调查评
价成果报告 [R]. 杭州：浙江省地质调查院，2012.

[11] 孟悠悠. 旧石器时代出现的缝纫和装饰品：云想衣裳系列
[EB/OL]. （2015-05-30）[2022-02-02]. http://www.kaogu.cn/cn/
kaoguyuandi/kaogubaike/2015/0629/50689.html.

[12] 王孔忠，黄国成. 浙江矿产地质 [M]. 北京：地质出版社，
2020.

[13] 樊锦诗，顾春芳. 我心归处是敦煌：樊锦诗自述 [M]. 南京：
译林出版社，2019.

后 记

阳春三月，玉兰花盛开的季节，《变迁的文明》书稿终于完成了。

这个季节的空气，湿润而弥漫着花的芳香。漫步城市的公园，驻足玉兰树下仰望，大树上稠密的花朵，如丰满洁白的鸟儿一样，落满枝头。这些春风中粲然绽放的花朵，就像是大自然的秘密，朵朵都是难以寻踪的奇迹。

忽然觉得，写作当初，本书的主题和书名，也是这样乘着风一般，降临到我们的心上。不论是文明还是石头，都是既熟悉又陌生，仿佛就在身边、伸手可及，却又无法说清，难以道明。如果给予更多的理智来思考，我们也许没有足够的勇气选择这样的内容。

但是，石头的故事，是那样悄无声息地拨动了我们心中的情感之弦，乐音绕梁。故事本身，也恰如启动花开的春风，把石头在经久岁月里浓缩的自然原液，化作琼浆玉露，醇香悄然四溢。是的，石头仿佛就是那酿酒的粮食，千万年来人类用智慧勤劳，酿就了文明的甘醇美酒。

文明是人类的活动足迹，以及物质和文化的留存。大地和石头既是文明发生的平台，也是创造文明的基础材料，还是文明成果的终极记录者。大地之上，当时光流逝，创造文明的人们不断走向遥远的天际，而文明留了下来。虽然我们无法重现古人在大地上劳作的景象，但那经过耕种的田野，却让我们看到了人类对自然的改造，看到了世世代代的人们共同建造的文明。从乡村到城市，目光所及，是人类用脚步丈量的、无以计数的进步阶梯所叠加起来的文明累积。这些由祖先留给我们的踪迹和福荫，正如太平洋的水一样，以雨滴的方式无穷尽地循环着，为我们及我们的后代输送生命的力量。

一方面，石头以坚固之态示人时，它是永恒不变的象征；另一方面，石头也是百变之身，以许许多多的功能和方式服务于人，甚至也能危害到人的健康和生存。正是由于石头故事内涵与外延的深刻性和丰富多姿，本书也有着灵感来源多样化、写作风格兼容并包等特点。我们愿这本书能够像玉兰树上的花儿一般，为姹紫嫣红的世界绽放出它自己的独特和美丽。

从人文的角度解读石头，这是一种有趣的尝试，有着深深的魅力。对于我们，这本书的完成仅仅是开始。从人文的角度看石头，从石头的角度看人生，以此来探索人与自然的和谐之道，这是一个长久而共同的话题。

除了以文字的方式，我们还可以在生活中随时随地展开这个话题。抬头可见的混凝土中，食用的粮食和菜蔬中，欣赏的艺术品中……石头，存在于我们每天的生活场景里。虽然现代生活似乎让我们与自然产生了距离，但透过石头，我们感受到了自然给予我们的无处不在的亲密拥抱，以及一如既往的无言之爱。

《变迁的文明》是"石头的故事"丛书的第三册。本套丛书被列入 2021 年度浙江省社科联社科普及重点课题资助项目，2022 年 8 月被列为省级社科普及课题。在编写过程中，我们得到了各方面的大力支持和帮助。这里要特别感谢浙江省社会科学界联合会的信任，把"石头的故事"丛书的创作任务交给我们；也特别感谢在专业领域帮助我们严格把关的 4 位顾问——浙江大学叶瑛教授、浙江自然博物院金幸生研究员、中国地质博物馆卢立伍研究员、浙江省文物考古研究所史前考古室主任孙国平研究员，4 位顾问的辛勤工作使这套丛书在专业严谨性和思想的创新性上都有了明显提升；还要特别感谢为本书提供图片和资料的朋友们（书中图注未标明供图者的图片由本书编写组成员提供），正是这些天南海北的热心人士无偿提供的大量资料和图片，才让本丛书图文并茂、丰富精彩，极大地增强了可读性。除此以外，我们更是衷心感谢给本书提出批评性意见的同人，帮助我们避免了许多错误。

最后，衷心感谢杨树锋院士在百忙中抽出时间，阅读了这套丛书，提出了许多建设性的意见，并为丛书作序。杨院士的指导，将对我们今后的科普工作起到深远的促进作用。

编　者

2022 年 6 月